人工智能与计算机信息技术的发展探索

张龙 王佩文 周宇 著

辽宁大学出版社
Liaoning University Press
沈阳

图书在版编目（CIP）数据

人工智能与计算机信息技术的发展探索/张龙，王佩文，周宇著. --沈阳：辽宁大学出版社，2024. 12.
ISBN 978-7-5698-1892-5

Ⅰ. TP3；TP18

中国国家版本馆 CIP 数据核字第 2024HM2338 号

人工智能与计算机信息技术的发展探索
RENGONG ZHINENG YU JISUANJI XINXI JISHU DE FAZHAN TANSUO

出 版 者：	辽宁大学出版社有限责任公司
	（地址：沈阳市皇姑区崇山中路 66 号　邮政编码：110036）
印 刷 者：	沈阳文彩印务有限公司
发 行 者：	辽宁大学出版社有限责任公司
幅面尺寸：	170mm×240mm
印　　张：	12.25
字　　数：	233 千字
出版时间：	2024 年 12 月第 1 版
印刷时间：	2025 年 1 月第 1 次印刷
责任编辑：	郭　玲
封面设计：	韩　实
责任校对：	张宛初

书　　号：	ISBN 978-7-5698-1892-5
定　　价：	88.00 元

联系电话：024-00004013
邮购热线：024-86830665
网　　址：http://press.lnu.edu.cn

前　言

在信息技术迅速发展的今天，人工智能技术取得了显著的进步，探索人工智能与计算机信息技术的发展变得尤为重要。此外，随着计算机网络的普及和互联网技术的进步，如何构建高效、安全的网络环境成为重要的议题。因此，我们不仅需要关注人工智能的技术进展，还应着重探讨计算机系统、网络互联技术和网络安全等方面的内容，这样才能为信息技术的稳定发展奠定基础。

本书从人工智能的基础理论出发，探讨了其核心技术及其对现代计算系统的深刻影响。随后延伸至计算机网络互联技术的关键层面，分析了网络架构如何支撑起日益复杂的人工智能应用需求。此外，本书还特别关注了网络安全的重要性，尤其是在人工智能时代背景下，如何通过有效的攻防策略保护数据安全和个人隐私。之后，本书对下一代网络技术的关键趋势和发展方向做了一些展望，强调了技术创新对于推动社会进步的意义。最后，我们通过对人工智能在各行业的广泛应用分析，揭示了这一领域的未来发展趋势和潜在挑战。希望本书能为当前人工智能与计算机信息技术发展相关理论的深入研究提供借鉴。

本书参考了大量的相关文献资料，借鉴、引用了诸多专家、学者和教师的研究成果，写作过程中得到很多专家学者的支持和帮助，在此深表谢意。由于能力有限，时间仓促，虽极力丰富本书内容，多次修改，但仍难免有不妥与遗漏之处，恳请专家和读者指正。

作　者

2024 年 10 月

目 录

第一章　人工智能概述 ………………………………………… 1

　　第一节　人工智能的概念与流派 ……………………………… 1
　　第二节　人工智能的研究和应用领域 ………………………… 8

第二章　人工智能技术 ………………………………………… 17

　　第一节　自然语言处理技术 …………………………………… 17
　　第二节　智能信息处理技术 …………………………………… 31
　　第三节　分布式人工智能和 Agent 技术 ……………………… 49

第三章　计算机系统 …………………………………………… 56

　　第一节　计算机硬件系统 ……………………………………… 56
　　第二节　计算机软件系统 ……………………………………… 65
　　第三节　操作系统 ……………………………………………… 71
　　第四节　因特网基础及应用 …………………………………… 75

第四章　计算机网络互联技术 ………………………………… 87

　　第一节　网络互联概述 ………………………………………… 87
　　第二节　网络互联协议与设备 ………………………………… 90
　　第三节　路由选择协议 ………………………………………… 97

· 1 ·

第五章 计算机网络攻防技术 106

第一节 防火墙安全 106
第二节 网络病毒与防范 110
第三节 木马攻击与防范 116
第四节 网络攻防技术的应用 121

第六章 下一代网络关键技术 134

第一节 下一代网络概述 134
第二节 软交换技术 138
第三节 移动 IPv6 147
第四节 多协议标记交换技术 153
第五节 IP 多媒体子系统 155

第七章 人工智能的应用及发展 164

第一节 智能商务 164
第二节 智能交通 172
第三节 智能医疗 179
第四节 其他行业应用 184

参考文献 188

第一章　人工智能概述

第一节　人工智能的概念与流派

伴随着计算机及信息科学的长足发展与进步，人工智能这一新兴研究领域吸引了众多的青年学者前赴后继地艰辛奋斗，迄今已经取得了许多世人瞩目的成就：战胜人类成为国际象棋世界冠军的机器人，具有情绪表现的玩具机器人，能够进行简单检测与判断操作的智能家用电器，各种具有复杂功能的智能飞行器等。人们把人工智能同宇航空间技术、原子能技术一起誉为 20 世纪对人类影响最为深远的三大前沿科学技术成就。与前三次工业革命（动力工业革命、能源工业革命、电子工业革命）的目标不同，人工智能宣称的目标不只在于实现人的肢体功能、体力工具的替代与延伸，更重要的是实现人的大脑功能和智慧能力的替代与延伸。

一、智能与人工智能

（一）智能的含义

1. 智能的概念与表现特性

智能，顾名思义，就是智慧与能力。一般认为智能是指自然界中某个个体或群体，在客观活动中，表现出的有目的地认识世界并运用知识改造世界的一种综合能力。其中，尤其是人类智能，集中体现了人的聪明才智及其群体协调管理的高级智慧力量，并具有许多美妙的特性，诸如感知、学习、思维、记忆、联想、推理、决策、语言理解、图文表达、艺术欣赏、知识运用、规划创造等。虽然迄今揭示的宇宙变迁与星体运动形成的规律暗示我们人类尚不一定是宇宙中唯一的高级智慧生物，要揭示高级智能作用的本质，有待于对活体大脑进行更深层次的研究。

2. 对智能的不同的认识观点

事实上，智能现象的本质是人类尚未探索明白的四大奥秘（宇宙起源、物质形态、生命活动、智能发生）之一。尽管如此，人类在对脑科学和智能认识的研究中，逐渐形成了许多不同的研究观点。其中，最著名并具代表性的理论有 3 种，即思维理论、知识阈值理论和"进化"理论。

思维理论又称认知科学，它认为智能的核心是思维，一切智慧及其知识均源于活体大脑的思维。因此，通过研究思维规律与思维方法，有望揭示智能的本质。

知识阈值理论强调知识对智能的重要影响和作用，认为知识集聚到某种满意程度时，将会触发智慧大门的开启。知识阈值理论把智能定义为在巨大搜索空间中迅速找到一个满意解的能力。这一理论曾经深刻地影响了人工智能的发展进程，专家系统、知识工程等就是在该理论的影响下而发展起来的。

"进化"理论强调智能可以由逐步进化的步骤来实现。这里的"进化"一词，借用了一百多年前英国著名科学家达尔文提出的"物种进化，适者生存"的进化概念。中国学者涂序彦等人把进化论思想推广到智能科学研究领域，提出了智能可以逐步成长，亦可以逐渐进化的新思想理论。该理论恰巧与美国麻省理工学院（Massachusetts Institute of Technology，MIT）布鲁克（R. A. Brooks）教授提出的行为论观点有许多异曲同工之妙。布鲁克认为：智能行为可以在"没有表达"和"没有推理"的情况下发生，智能可以在低层次信息境遇（situatedness）交互方式下，依感知经验"激励－响应"模式来浮现（emergence）出来。例如，生物体的智能行为可以由生物躯体局部感知或感官反应信息直接驱动来实现。"进化"理论和行为论的观点都是最近十来年才被提出来的，又与传统看法完全不同，因而引起了人工智能界的广泛关注与兴趣。

3. 智能原理与智能层次结构

以人类智能为例，智能活动与人的神经系统自适应调节工作密切相关。神经系统通过分布在身体各部分的感受器获取内、外界环境变化信息，经过各个层次级别的神经中枢进行分析综合，发出各种相应的处理信号，进行决策或达到智能控制躯体行为的目的。

一般来说，人类智能生理机构由中枢神经系统和周围神经系统两大部分组成，每一部分都有十分复杂的细微结构。人脑是中枢神经系统的主要部分，能够实现诸如学习、思维、知觉等复杂的高级智能。

根据现代脑科学和神经生理学的研究成果，把神经系统生理结构同智能发生的认识层次相联系，人们可以发现一个有趣的事实：智能现象实际可以由分布于全身的神经系统的任何部位产生，并且某个部位神经系统产生智能行为的反应速度与智能效能水平呈相反趋势。也就是说，低级智能动作反应快，高级智能产生要慢一些。总体来说，可将智能行为特性比照其发生的区域情况进行分析，从而建立起一个具有高、中、低三层结构的智能特性模型：高层智能由大脑皮层来组织启动，主要完成诸如思维、记忆、联想、推理等高级智能活动；中层智能由丘脑来组织实现，负责对神经冲动进行转换、调度和处理，主要完成诸如感知、表达、语言、艺术、知觉等智能；低层智能由小脑、脊髓、周围神经系统来组织，主要完成条件反射、紧急自助、动作反应、感觉传导等智能。同时，允许不同层次的智能先后发生，相互协同。每个智能层次还可细分为对应的特性群区域或更小的层次，例如，思维特性可分为感知思维、抽象思维、形象思维、顿悟思维及灵感思维等，视觉感知视野可分为色觉感、形体感、运动感等神经细胞特性感知区。

依据智能的层次结构分析，比照前述的3种智能认识理论，我们不妨这样设想：思维理论和知识阈值理论主要对应了高层智能活动，而"进化"理论分别对应了3个智能层次的发展过程。例如，"进化"理论可以有下述两种工作选择方式：其一，让各个智能层次都竞相参与进化作用，实行优胜劣汰；其二，先快速实现低级智能层次，后演化到中级智能层次，再推进到高级智能层次。后者描述了一个由低向高、逐级进化的智能协同发展的过程模型。

（二）什么是人工智能

1. 人工智能的概念及其学科特性

人工智能，顾名思义，即用人工制造的方法，实现智能机器或在机器上实现智能。从学科的角度去认识，所谓人工智能是一门研究构造智能机器或实现机器智能的学科，是研究模拟、延伸和扩展人类智能的科学。从学科地位和发展水平来看，人工智能是当代科学技术的前沿学科，也是一门新思想、新理论、新技术、新成就不断涌现的新兴学科。人工智能的研究，是在计算机科学、信息论、控制论、心理学、生理学、数学、物理学、化学、生物学、医学、哲学、语言学、社会学等多学科的基础上发展起来的，因此它又是一门综合性极强的边缘学科。

2. 人工智能测试与图灵实验

计算机或者机器是否具有智能？这个问题很早就引起了人们的关注。为此，现代人工智能科学家、英国天才数学家图灵于1950年在论文"Computer Machinery and Intelligence"中提出了著名的"图灵测试"标准：测试的参加者由一位测试主持人和两位被测试者组成，其中一位被测试者是人，另一位被测试者则是机器。要求被测试者回答测试主持人的问题时，都尽可能表现自己是"人"而不是"机器"。测试者和被测试者可以对话，但彼此都看不到对方。如果测试主持人无论如何都分辨不出被测试者究竟是人还是机器，则认为该机器具有了人的智能。

尽管也有人对这个测试标准提出了某些异义，认为图灵测试没有反映思维过程，也没有明确被测试的人的自身智力智商水平，仅仅只是强调了测试结果的比较等。然而，该测试标准的提出，对人工智能科学的进步与发展所产生的影响是十分深远的。

3. 人工智能的研究目标

从长远来看，人工智能研究的远期目标就是要设计并制造一种智能机器系统。其目的在于使该系统能代替人，去完成诸如感知、学习、联想、推理等活动，使人类生活得更美好，让机器能够去理解并解决各种复杂困难的问题，代替人去巧妙地完成各种具有思维劳动的任务，成为人类最聪明、最忠实的助手和朋友。此外，有人认为：从长远来看，人工智能既然能够设计智能系统，就应能够充分理解并解释人类的各种智能现象和行为。

在目前阶段，人工智能研究的近期现实目标是：最大限度地发挥计算机的灵巧性，使电脑能模拟人脑，在机器上实现各种智能。例如，让计算机能够看、听、读、说、写，使计算机还能想、学、模仿、执行命令甚至出谋献策及创新等。也就是说，当前人工智能应该发展并解决智能模拟的理论和技术。

事实上，人工智能研究的远期目标与近期目标是相辅相成的。远期目标为近期目标确立了方向，而近期目标的研究亦在为实现远期目标的实现准备着理论和技术的基本条件。随着人工智能的不断发展与进步，近期目标势将不断地调整和改变，最终完全实现远期目标。

二、人工智能的主要学派及研究途径

在人工智能科学的研究与发展中，形成了诸多学派。其中，主要有三大流派，即功能派、结构派和行为派。

功能派是最早发展起来的传统主流学派，又称逻辑学派或宏观功能派，采用功能模拟的观点，使用的是"黑盒"研究方法。

结构派也是最早发展起来的传统学派之一，又称生物学派或微观结构派与功能派不同，它采用的是结构模拟的观点，使用的是"白盒"研究方法。

行为派又被称作实用技术学派。与传统学派完全不同，它采用实用行为模拟的观点，使用"能工巧匠"式的制造方法，是一种按照"激励—响应"的工作模式来建立实用工程装置的研究方法。也有人认为这是一种实现 agent 模型的技术方法。

功能派涉及众多学科技术，包括逻辑学、心理学、数学、物理学、工具学、语言学、计算机、数理逻辑等学科；结构派涉及的学科有生物学、微结构学、医学、仿生学、神经生理学等；行为派涉及的学科有行为学、工程学、机械学、电子学等。

赞成 AI 的，表达了进化论、创新论、科学技术改造世界的观点，而从伦理道德、神学论等观点出发，又派生出 AI 的反对派，体现了神学论、创生论、"上帝"说等方面的观点。

从认识上应该看到，正是不同学科的学者云集，各自进行人工智能的探索研究，从而形成了诸多学派。各个学派学术观点有所不同，研究思路各有侧重，对人工智能的理解定义也不完全一致，百家争鸣，百花齐放，这一切共同形成了人工智能科学生动活泼的研究氛围。

（一）功能派及其研究方法

1. 主要观点

计算机的智能可以用硬件，尤其可以用软件来实现。任何智能系统的功能及其控制均可用程序命令来完成。程序命令就是一种语言文字符号，因此，一切智能实际上都可以用语言、文字及符号来表示并完成，故功能派又被称为符号派。

通常，程序命令都是用逻辑思想或按逻辑规律进行设计编写的，计算机按照逻辑程序运行，这样就有了按逻辑进行识别判断的能力。因此，这样一种智能实现思路又被称为逻辑功能派。

2. 主要特征

符号逻辑所表现的合理性和必然性反映在如下方面：逻辑型推理，符合人类心理特点；形式化表达，易建模建库（知识库无须输入大量的细节知识，简化了问题求解的设计过程），设计方便易行；模块化思路处理，易于扩充修改；结合界面可视化设计，易于理解；启发式思维，便于设计实现；工作过程透明，便于解释、跟踪，用户心理易于接受。

3. 存在的局限性及可能的解决途径

形式化方法对于非逻辑的推理过程、经验式模糊推理、形象思维推理往往难以用符号系统表示。符号形式化方法的有效性取决于符号概念的精确性。当把有关信息转换成符号化的推理机制时，将会丢失一些重要的信息。对于带有噪声的信息以及不完整的信息往往也难以进行恰当的表达和处理。

可能的解决途径：可采用结构派的互联技术方法，该方法具有很好的互补作用。

（二）网络互联（network connection）技术及其研究方法

1. 主要观点

网络互联是结构派的一种实现方式。网络互联技术学派认为：人类的智能归根结底是用大脑中的神经元活动来实现的,神经元是一种具有记忆、联想、协调工作的智能网络。因此,可以在结构上采用生物神经元及其连接机制来模仿生成其全部的智能活动。显然,这是一种"白盒法"的微结构模拟智能活动的研究思路。

结构派认为大脑是一切智能活动的物质基础,因而从生物神经元模型着手,设法弄清楚大脑的结构以及它进行信息处理的过程与机理,就有望从物质结构本质上揭示人类智能的奥秘。

但是,由于人脑有多达 $10^{11}\sim 10^{12}$ 个神经元,每个神经元又与 $10^3\sim 10^4$ 个其他神经元互相联系,构成了一个多层次立体结构的复杂互联的网络,加上这种结构的特性是基于生命活动而存在的,因此客观上完成这种模拟是不可能的,这就造成该研究长期处于停滞不前的状态。加上计算机技术和集成记忆单元的局限性,一直到 20 世纪 80 年代后,在功能模拟研究暂趋于平稳冷静状态时,结构派才又随着微处理器集成化发展而活跃起来。

2. 重要成果与发展历程

1943 年,神经元模型首次被提出。20 世纪 80 年代中后期,各种 ANN (artificial neural network,人工神经网络)模型如雨后春笋,脱颖而出。20 世纪 90 年代前后,全世界掀起 ANN 研究热潮,论文研究成果成千上万。神经网络计算机被提出,由多达数百个微处理器互联而成。

3. 主要特点

这种方法通过对 I/O 信息状态(抑制,兴奋)模式进行分析处理,可以从训练样本中自动获取知识,逐步适应环境的变化。它采用分布式表示信息,一个概念不是对应于一个节点,而是对应于一种分布模式,因此可实现联想机制。其次,噪声信息可在分布式表达中得到近似体现,加以处理,就能得到比较满意而合理的结果。总结起来,其主要特点如下:

(1)循序渐进训练,符合人类学习发展过程规律,适于机器学习训练,特色明显;

(2)形象性思维,直观明了;

(3)分布式表示信息,便于实现联想;

(4)对局部畸变不敏感,模糊识别能力强,抗干扰性好;

(5)状态变迁机制便于实现变异、交叉、繁殖功能,进而实现并发展进化计算、遗传算法等;

(6)调整分布参数与连接的加权值可模拟各种控制过程,便于实现进化规划和策略,便于实现数值优化、系统预测和经验寻优过程。

4. 存在的局限性及可能的解决途径

局限性：难以用因果分析关系解释其活动过程。而这恰恰是符号化逻辑处理的优势，二者互补，可否取得更大成果有待探索研究。

发展与展望：随着进化计算（EC）理论的开拓和生物医学工程技术的进步，尤其是克隆技术的发展，其前景十分诱人。

（三）行为派及其研究方法

1. 主要观点

以美国麻省理工学院人工智能实验室年轻教授布鲁克斯为首的研究组，分别提出了"没有表达的智能"和"没有推理的智能"研究观点。采用典型装置实现局部，这是布鲁克斯根据自己对人造机器动物的实践研究中的体验提出的一种近于生物系统的智能模型。布鲁克斯认为，智能是某种复杂系统所浮现（emergence）出来的性质，智能又可理解为由很多部件之间的交互并与境遇相联系才具体化的行为特性。具体的生物体有直接来自周围客观世界的经验，它们的作用是世界动态行为中的一部分，其感官具有反馈作用，故这种作用可用人造动物体的具体化（embodiment）构成的行为来模拟。智能行为可以仅仅由系统总的行为以及行为与环境的交联作用来体现，它可以在没有明显的可操作的内部的情况下产生，可以在没有明显的推理系统出现的情况下形成。

目前这种观点尚在发展完善中。它与人们传统的看法完全不同，因而引起了人工智能界广泛的兴趣和关注。

事实上，人们可以把这种研究方法进而理解为：先实现局部的智能主体 agent，然后将其组合成为高级的智能主体系统，即从局部实现到全局集成的研究。

2. 主要成果

20 世纪 90 年代初实现了多腿脚协调行走并可上下楼梯的机器蝗虫。近年来，日本 Sony 不断地推出升级版的"AIBO"机器人；日本欧姆龙推出了"Tama"机器人，采用模糊推理决策行动算法，用以指导人们使用 ATM；美国 Tiger 电子公司推出"Fabee"、美国微软推出"ActiMates"等玩具类机器人；还有日本松下的"宠物机器人"，可用于帮助独身老人在发生紧急情况时（如发生急病）同外界进行联系。

3. 主要特点

(1)"激励—响应"模式，很实用。

(2) 代表性典型装置实现适应性强，难度较低，易于物理实现。

(3) 行为模拟的"小前提"思想，即采用层次式处理手法，"满足→实现→小有成功"，再进行第二层次⋯⋯依次推进装置完善、成功。

(4) 直觉式感知模拟，便于实现经验式智能。

4. 存在的局限性及可能的解决途径

局限性：缺乏系统理论指导，必须加强规划决策指导与体系结构分析。解决途径：融合功能派和结构派的技术观点，更有利于走向全面。

第二节 人工智能的研究和应用领域

一、人工智能的基本技术

人工智能既是综合性极强的边缘学科，又是兼容并蓄的基础科学，其理论体系不断丰富完善，前沿攻关及实验课题层出不穷。

早期学者们认为，在人工智能基础理论和基本系统中，至少应包括以下4个方面的基本技术：

(1) 机器学习和知识获取技术，主要有信息变换技术，知识信息的理解技术，知识的条理化、规则化技术，机器的感知与成长技术等；

(2) 知识表示与处理技术，包括知识模型的建立与描述技术、表示技术及各种知识模型处理技术方法等；

(3) 知识推理和搜索技术，尤其包括演绎推理计算和智能搜索技术；

(4) AI系统构成技术，包括AI语言，硬件系统及智能应用系统等方面的构成技术等。人工智能的三大学派和四大技术构成了AI体系的基础与骨架。

二、人工智能研究的基本内容

(一) 机器感知

所谓机器感知就是使机器（计算机）具有类似于人的感知能力，包括视觉、听觉、触觉、力感、味觉、嗅觉、知觉等。其中，以机器视觉与机器听觉为主。机器视觉是让机器能够识别并理解文字、图像、景物等；机器听觉则是让机器能识别并理解人类语言表达及语声、音响等。从而形成了人工智能的两个专门的研究领域，即模式识别与自然语言理解技术分支。

(二) 机器思维

所谓机器思维是指对通过感知得来的外部信息及机器内部的各种工作信息进行有目的的处理。正像人的智能是来自大脑的思维活动一样，机器智能也主要是通过机器思维实现的。因此，机器思维是人工智能研究中最重要而关键的部分。为了使机器能模拟人类的思维活动，尤其需要开展以下几方面的研究工作：

（1）知识的表示，特别是各种不精确、不完全知识的表示；

（2）知识的推理，特别是各种不精确推理、归纳推理、非单调推理、定性推理，还包括各种启发式搜索推理及控制策略的研究；

（3）神经网络、人脑的结构及其工作原理。

（三）机器学习

人类具有获取新知识、学习新技巧，并在实践中不断完善、改进的能力，机器学习就是要使计算机具有这种能力，使它能自动地获取知识，能直接向书本学习，能通过与人谈话学习，能通过对环境的观察学习，并在实践中实现自我完善，克服人们在学习中存在的局限性，例如容易忘记、效率低以及注意力分散等。

（四）机器行为

与人的行为能力相对应，机器行为主要是指计算机的表达能力，即"说""写""画"的能力，对于智能机器人，它还应具有人的四肢功能，即能走路、能取物、能操作等。

（五）人工智能系统构成

为了实现人工智能的近期目标及远期目标，需要建立智能系统及智能机器，为此还需要开发对模型、系统分析与构造技术、建造工具及语言等的研究。

三、人工智能研究与应用领域

如同大多数学科中都存在着几个不同的研究领域，每个领域都有其特有的研究课题、研究方法和术语一样，人工智能也存在许多不同的研究领域。

（一）问题求解

人工智能的第一大成就是能够求解难题的下棋（如国际象棋）程序。在下棋程序中应用的某些技术，如向前看几步并把困难的问题分成一些比较容易的子问题，发展成为了搜索和问题归约这样的人工智能基本技术。今天的计算机程序能够下锦标赛水平的各种方盘棋、十五子棋和国际象棋。还有问题求解程序把各种数学公式符号汇编在一起，其性能达到了很高的水平，并正在为许多科学家和工程师所应用。有些程序甚至还能够用经验来改善其性能。

（二）逻辑推理与定理证明

逻辑推理是人工智能研究中历史最悠久的领域之一。其中，特别重要的是要找到一些方法，只把注意力集中在一个大型数据库中的有关事实上，留意可信的证明，并在出现新信息时适时修正这些证明。为数字猜想寻找一个证明或反证，确实称得上是一项智能任务不仅需要有根据假设进行演绎的能力，而且需要某些直觉技巧。

（三）自然语言处理

自然语言处理（natural language processing，NLP）也是人工智能的早期研究领域之一，已经编写出能够从内部数据库回答用英语提出的问题的程序，这些程序通过阅读文本材料和建立内部数据库，能够把句子从一种语言翻译为另一种语言、执行用英语给出的指令和获取知识等，有些程序甚至能够在一定程度上翻译从话筒输入的口头指令（而不是通过键盘输入计算机的指令）。目前语言处理研究的主要内容是：在翻译句子时，以主题和对话情况为基础，注意大量的一般常识和期望作用的重要性。

人工智能在语言翻译与语音理解程序方面已经取得的成就，已逐渐成为人类自然语言处理的新概念。

（四）自动程序设计

也许程序设计并不是人类知识的一个十分重要的方面，但是它本身却是人工智能的一个重要研究领域。这个领域的工作叫作自动程序设计，目前已经能够以各种不同的目的描述（例如输入/输出对高级语言描述甚至英语描述算法）来编写计算机程序。这方面的进展局限于少数几个完全现成的例子。对自动程序设计的研究不仅可以促进半自动软件开发系统的发展，还可以使通过修正自身数码进行学习（即修正它们的性能）的人工智能系统得到发展。自动编制一份程序来获得某种指定结果的任务同证明一份给定程序将获得某种指定结果的任务是紧密相关的，后者叫作程序验证。许多自动程序设计系统将产生一份输出程序的验证作为额外收获。

（五）专家系统

一般来说，专家系统是一个智能计算机程序系统，其内部具有大量专家水平的某个领域的知识与经验，能够利用人类专家的知识和解决问题的方法来解决该领域的问题。也就是说，专家系统是一个具有大量专门知识与经验的程序系统，它应用人工智能技术，根据某个领域一个或多个人类专家提供的知识和经验进行推理和判断，模拟人类专家的决策过程，以解决那些需要专家决定的复杂问题。

当前的研究涉及有关专家系统设计的各种问题。这些系统是在某个领域的专家（他可能无法明确表达他的全部知识）与系统设计者之间经过反复交换意见之后建立起来的。在已经建立的专家咨询系统中，有能够诊断疾病的（包括中医诊断智能机）、能够估计潜在石油储量的、研究复杂有机化合物结构的以及能够提供使用其他计算机系统的参考意见的等。发展专家系统与关键是表达和运用专家知识,即来自人类专家的已被证明对解决有关领域内的典型问题是有用的事实和过程。专家系统与传统的计算机程序最本质的不同之处在于专家系统所要解决的问题一般没有算法解,并且经常要在不完全、不精确或不确定的信息基础上给出结论。专家系统被称为21世纪知识管理与决策的技术。

(六) 机器学习

学习能力无疑是人工智能研究领域最突出和最重要的一个方面。人工智能在这方面的研究近年来取得了一些进展。学习是人类智能的主要标志和获得知识的基本手段。机器学习(自动获取新的事实及新的推理算法)是使计算机具有智能的根本途径。此外,研究机器学习还有助于发现人类学习的机理和揭示人脑的奥秘。因此,这是一个始终得到重视,理论正在创立,方法日臻完善但远未达到理想境地的研究领域。

(七) 人工神经网络

由于冯·诺依曼体系结构的局限性,数字计算机存在一些尚无法解决的问题,人们一直在寻找新的信息处理机制,神经网络计算就是其中之一。

研究结果已经证明,用神经网络处理直觉和形象思维信息具有比传统处理方式好得多的效果。神经网络的发展有着非常广阔的学科背景。神经生理学家、心理学家与计算机科学家的共同研究得出的结论是:人脑是一个功能特别强大、结构异常复杂的信息处理系统,其基础是神经元及其互联关系。因此,对人脑神经元和人工神经网络的研究,可能创造出新一代人工智能机——神经计算机。

(八) 机器人学

人工智能研究中日益受到重视的另一个分支是机器人学,其中包括对操作机器人装置程序的研究。这个领域所研究的问题包括机器人手臂的最佳移动及实现机器人目标的动作序列的规划方法等。

机器人和机器人学的研究促进了许多人工智能思想的发展。它所产生的一些技术可用来模拟世界的状态,用来描述从一种世界状态转变为另一种世界状态的过程。它对于怎样产生动作序列的规划以及怎样监督这些规划的执行有较好的理解。复杂的机器人控制问题迫使我们发展一些方法,先在抽象和忽略细节的高层进行规划,然后再逐步在细节越来越重要的低层进行规划。在本书中,我们经常应用一些机器人问题求解的例子来说明一些重要的思想。智能机器人的研究和应用体现出广泛的学科交叉,涉及众多的课题,得到了越来越普遍的应用。

(九) 模式识别

计算机硬件的迅速发展和计算机应用领域的不断开拓,亟须计算机更有效地感知诸如声音、文字、图像、温度、振动等信息资料。模式识别在这种情况下得到了迅速发展。

"模式"（pattern）一词的本意是指完美无缺的、供模仿的一些标本。模式识别就是指识别出给定物体所模仿的标本。人工智能所研究的模式识别是指用计算机代替人类或帮助人类感知模式，是对人类感知外界功能的模拟，研究的是计算机模式识别系统，也就是使一个计算机系统具有模拟人类通过感官接受外界信息、识别和理解周围环境的感知能力。

模式识别是一个不断发展的新学科，它的理论基础和研究范围也在不断发展。随着生物医学对人类大脑的初步认识，模拟人脑构造的计算机实验即人工神经网络方法早在20世纪50年代末和60年代初就已经开始。至今，在模式识别领域，神经网络方法已经成功地用于手写字符的识别、汽车牌照的识别、指纹识别、语音识别等方面。目前模式识别学科正处于大发展的阶段，随着应用范围的不断扩大，基于人工神经网络的模式识别技术将有更大的发展。

（十）机器视觉

机器视觉或计算机视觉已从模式识别的一个研究领域发展为一门独立的学科。在视觉方面，人们已经给计算机系统装上电视输入装置以便能够"看见"周围的东西。视觉是一种感知问题，在人工智能中研究的感知过程通常包含一组操作。例如，可见的景物由传感器编码，并被表示为一个灰度数值的矩阵。这些灰度数值由检测器加以处理。检测器搜索主要图像的成分，如线段、简单曲线和角度等。这些成分又被处理，以便根据景物的表面和形状来推断有关景物的三维特性信息。例如带有视觉的月球自主车和带有视觉的越野自主车。

机器视觉的前沿研究领域包括实时并行处理、主动式定性视觉、动态和时变视觉、三维景物的建模与识别、实时图像压缩传输和复原、多光谱和彩色图像的处理与解释等。

（十一）智能控制

人工智能的发展促进了自动控制向智能控制发展。智能控制是一类不需要（或需要尽可能少的）人干预就能够独立地驱动智能机器实现其目标的自动控制。或者说，智能控制是驱动智能机器自主地实现其目标的过程。

随着人工智能和计算机技术的发展，已可能把自动控制和人工智能以及系统科学的某些分支结合起来，建立一种适用于复杂系统的控制理论和技术。智能控制正是在这种条件下产生的。它是自动控制的最新发展阶段，也是用计算机模拟人类智能的一个重要研究领域。

智能控制的核心在高层控制，即组织级控制。其任务在于对实际环境或过程进行组织，即决策和规划，以实现广义问题求解。已经提出的用以构造智能控制系统的理论和技术有分级递阶控制理论、分级控制器设计的熵方法、智能逐级增高而精度逐级降低原理、专家控制系统、学习控制系统和基于神经网络的控制系统等。智能控制有很多研究领域，它们的研究课题既具有独立性，又相互关联。

(十二) 智能检索

随着科学技术的迅速发展，出现了"知识爆炸"的情况。对国内外种类繁多和数量巨大的科技文献的检索远非人力和传统检索系统所能胜任。研究智能检索系统已成为科技持续快速发展的重要保证。数据库系统是储存某学科大量事实的计算机软件系统，它们可以回答用户提出的有关该学科的各种问题。

数据库系统的设计也是计算机科学的一个活跃的分支。为了有效地表示、存储和检索大量事实，已经发展出了许多技术。当人们想用数据库中的事实进行推理并从中检索答案时，这个课题就显得很有意义。

(十三) 智能调度与指挥

确定最佳调度或组合的问题是又一类人们感兴趣的问题。一个经典的问题就是推销员旅行问题。这个问题要求为推销员寻找一条最短的旅行路线。推销员从某个城市出发，访问每个城市一次，且只许一次，然后回到出发的城市。大多数这类问题能够从可能的组合或序列中选取一个答案，不过组合或序列的范围很大。试图求解这类问题的程序产生了一种组合爆炸的可能性。这时，即使是大型计算机的容量也会被用光。在这些问题中有几个（包括推销员旅行问题）是属于被计算理论家称为 NP（non-deterministic polynomial，非确定性多项式）完全性的一类问题。他们根据理论上的最佳方法计算出所耗时间（或所走步数）的最坏情况来排列不同问题的难度。

智能组合调度与指挥方法已被应用于汽车运输调度、列车的编组与指挥、空中交通管制以及军事指挥等系统。

(十四) 分布式人工智能与 agent

分布式人工智能（distributed AI，DAI）是分布式计算与人工智能结合的结果。DAI 系统以鲁棒性作为控制系统质量的标准，并具有互操作性，即不同的异构系统在快速变化的环境中具有交换信息和协同工作的能力。

分布式人工智能的研究目标是要创建一种能够描述自然系统和社会系统的精确概念模型。DAI 中的智能并非独立存在的概念，只能在团体协作中实现，因而其主要研究问题是各 agent 间的合作与对话，包括分布式问题求解和多 agent 系统（multiagent system，MAS）两个领域。其中，分布式问题求解把一个具体的求解问题划分为多个相互合作和知识共享的模块或结点。多 agent 系统则研究各 agent 间智能行为的协调，包括规划、知识、技术和动作的协调。这两个研究领域都要研究知识、资源和控制的划分问题，但分布式问题求解往往含有一个全局的概念模型、问题和成功标准，而 MAS 则含有多个局部的概念模型、问题和成功标准。MAS 更能体现人类的社会智能，具有更大的灵活性和适应性，更适合开放和动态的世界环境，因而备受重视，已成为人工智能以至计算机科学和控制科学与工程的研究热点。当前，agent 和 MAS 的研究包括 agent 和 MAS 理论、体系结构、语言、合作与协调、通信和交互技术、MAS 学习和应用等。MAS 已在自动驾驶、机器人导航、机场管理、电力管理和信息检索等方面获得应用。

（十五）计算智能与进化计算

计算智能（computational intelligence）涉及神经计算、模糊计算、进化计算等研究领域。在此仅对进化计算加以介绍。

进化计算（evolutionary computation）是指一类以达尔文进化论为依据来设计、控制和优化人工系统的技术和方法的总称，它包括遗传算法（genetic algorithms）、进化策略（evolutionary strategies）和进化规划（evolutionaryprogramming）。它们遵循相同的指导思想，但彼此存在一定差别。同时，进化计算的研究关注学科的交叉和广泛的应用背景，因而引入了许多新的方法和特征，彼此间难于分类，统称为进化计算方法。目前，进化计算被广泛运用于复杂系统的自适应控制和复杂优化问题等研究领域，如并行计算、机器学习、电路设计、神经网络、基于 agent 的仿真、元胞自动机等。

达尔文进化论是一种鲁棒的搜索和优化机制，对计算机科学，特别是对人工智能的发展产生了很大的影响。大多数生物体通过自然选择和有性生殖进行进化。自然选择决定了群体中哪些个体能够生存和繁殖，有性生殖保证了后代基因中的混合和重组。自然选择的原则是适者生存，即"物竞天择，优胜劣汰"。

自然进化的这些特征早在 20 世纪 60 年代就引起了美国的霍兰（Holland）的极大兴趣，他和他的学生们从事如何建立机器学习的研究。霍兰注意到学习不仅可以通过单个生物体的适应实现，而且可以通过一个种群的多代进化适应发生。受达尔文进化论思想的影响，他逐渐认识到，在机器学习中想要获得一个好的学习算法，仅靠单个策略的建立和改进是不够的，还要依赖于一个包含许多候选策略的群体的繁殖。他还认识到，生物的自然遗传现象与人工自适应系统行为的相似性，因此他提出在研究和设计人工自主系统时可以模仿生物自然遗传的基本方法。

（十六）数据挖掘与知识发现

知识获取是知识信息处理的关键问题之一。20 世纪 80 年代，人们在知识发现方面取得了一定的进展。已有一些试验系统利用样本,通过归纳学习或者与神经计算结合起来进行知识获取。数据挖掘与知识发现是20世纪90年代初期新崛起的一个活跃的研究领域,在数据库基础上实现的知识发现系统,通过综合运用统计学、粗糙集、模糊数学、机器学习和专家系统等多种学习手段和方法,从大量的数据中提炼出抽象的知识,从而揭示出蕴涵在这些数据背后的客观世界的内在联系和本质规律,实现知识的自动获取。这是一个富有挑战性并具有广阔应用前景的研究课题。

从数据库获取知识,即从数据中挖掘并发现知识,首先要解决被发现知识的表达问题。最好的表达方式是自然语言,因为它是人类的思维和交流语言。知识表示的最根本问题就是如何形成用自然语言表达的概念。概念比数据更确切、直接和易于理解。自然语言的功能就是用最基本的概念描述复杂的概念,用各种方法对概念进行组合,以表示所认知的事件,即知识。

(十七) 人工生命

人工生命(artificial life,A Life)的概念是由美国圣菲研究所非线性研究组的兰顿提出的,旨在用计算机和精密机械等人工媒介生成或构造出能够表现自然生命系统行为特征的仿真系统或模型系统。自然生命系统行为具有自组织、自复制、自修复等特征以及形成这些特征的混沌动力学、进化和环境适应。

人工生命所研究的人造系统能够演示具有自然生命系统特征的行为,在"生命之所能"(life as it could be)的广阔范围内深入研究"生命之所知"(life as we know it)的实质。只有从"生命之所能"的广泛内容来考察生命,才能真正理解生物的本质。人工生命与生命的形式化基础有关。生物学从问题的顶层开始,对器官、组织、细胞、细胞膜直到分子进行逐级研究,以探索生命的奥秘和机理;人工生命则从问题的底层开始,把器官作为简单机构的宏观群体来考察,自底向上进行综合,把简单的由规则支配的对象构成更大的集合,并在交互作用中研究非线性系统的类似生命的全局动力学特性。

人工生命的理论和方法有别于传统人工智能和神经网络的理论和方法。人工生命把生命现象所体现的自适应机理通过计算机进行仿真,对相关非线性对象进行更真实的动态描述和动态特征研究。

(十八) 系统与语言工具

人工智能对计算机界的某些最大贡献已经以派生的形式表现出来。计算机系统的一些概念,如分时系统、编目处理系统和交互调试系统等,已经在人工智能研究中得到发展。几种知识表达语言(把编码知识和推理方法作为数据结构和过程计算机的语言)已在20世纪70年代后期开发出来,以探索各种建立推理程序的思想。威诺格拉德在《在程序设计语言之外》讨论了他的某些关于计算的设想；其中部分思想是在他的人工智能研究中产生的。20世纪80年代以来，计算机系统，如分布式系统、并行处理系统、多机协作系统和各种计算机网络等，都有了发展。在人工智能程序设计语言方面，除了继续开发和改进通用和专用的编程语言新版本和新语种外，还研究出了一些面向目标的编程语言和专用开发工具。关系数据库研究所取得的进展，无疑为人工智能程序设计提供了新的有效工具。

第二章 人工智能技术

第一节 自然语言处理技术

一、概述

人类所使用的语言称为自然语言,这是相对于人工语言而言的。人工语言即计算机语言(如 C 语言 Java)世界语等。自然语言是人类智能中思维活动的主要表现形式,是人工智能中模拟人类智能的一种重要应用,称为自然语言处理(NLP)。

自然语言处理研究能实现人与计算机之间用自然语言进行相互通信的理论和方法。具体来说,它的研究分为两个内容:首先是人类智能中思维活动通过自然语言表示后能被计算机理解(可构造成一种人工智能中的知识模型),称为自然语言理解(NLU);其次是计算机中的思维意图可用人工智能中的知识模型表示,再转换生成自然语言并被人类所了解,称为自然语言生成(NLG)。

自然语言表示形式有两种:一种是文字形式;另一种是语音形式,其中文字形式是基础。因此,在讨论时也将其分为两部分,以文字形式为主,即基于文字形式的自然语言理解与自然语言生成,以及基于语音形式的自然语言理解与自然语言生成。

在自然语言处理的实际应用方面,主要介绍自然语言人机交互界面及自动文摘等。

(一)自然语言理解之基本原理

这里的自然语言主要指的是汉语。汉字中的自然语言理解的研究对象是:汉字串,即汉字文本。其研究的目标是:最终被计算机所理解的具有语法结构与语义内涵的知识模型。

面对一个汉字串,使用自然语言理解的方法最终可以得到计算机中的多个知识模型，这主要是汉语言的歧义性所造成的。在对汉字串理解的过程中，与上下文有关，与不同的场景或不同的语境有关。另外，在理解自然语言时还需运用大量的有关知识，需要多种知识，以及基于知识上的推理。有的知识是人们已经知道的，而有的知识则需要通过专门学习而获取。这些都属于人工智能技术。因此在自然语言理解过程中必须使用人工智能技术才能消除歧义性，使最终获得的理解结果与自然语言的原意是一致的。在具体使用中需要用到的人工智能技术是知识与知识表示、知识库、知识获取等内容。重点使用的是知识推理、机器学习及深度学习等方法。

综上，在汉字中自然语言理解的研究对象是汉字串，研究的结果是计算机中具有语法结构与语义内涵的知识模型，研究所采用的技术是人工智能技术。

从其研究的对象汉字串，即汉字文本开始。在自然语言理解中的基本理解单位是：词，由词或词组所组成的句子，以及由句子所组成的段、节、章、篇等。关键的是：词与句。对词与句的理解中分为语法结构与语义内涵等两种，按序可分为词法分析、句法分析及语义分析三部分内容。

（二）自然语言理解之具体实施

1. 词法分析

（1）分词

在汉语中词是最基本的理解单位，与其他种类语言不同，如英语等，词间是有空隔符分开的。在汉语中词间是无任何标识符区分的，因此词是需要切分的。故而，一个汉字串在自然语言理解中的第一步是将它顺序切分成若干个词。这样就是将汉字串经切分后成为词串。

词的定义是非常灵活的，它不仅仅和词法、语义相关，也和应用场景、使用频率等其他因素相关。

中文分词的方法有很多，常用的有下面几种：

①基于词典的分词方法：这是一种最原始的分词方法，首先要建立一个词典，然后按照词典逐个匹配机械切分，此种方法适用涉及专业领域小，汉字串简单情况下的切分。

②基于字序列标注的方法：对句子中的每个字进行标记，如四符号标记$\{B, I, E, S\}$，分别表示当前字是一个词的开始、中间、结尾，以及独立成词。

③基于深度学习的分词方法：深度学习方法为分词技术带来了新的思路，直接以最基本的向量化原子特征作为输入，经过多层非线性变换，输出层就可以很好地预测当前字的标记或下一个动作。在深度学习的框架下，仍然可以采用基于字序列标注的方式。深度学习主要优势是可以通过优化最终目标，有效

学习原子特征和上下文的表示，同时深度学习可以更有效地刻画长距离句子信息。

（2）词性标注

对切分后的每个词作词性标注。词性标注是为每个词赋予一个类别，这个类别称为词性标记，如名词、动词、形容词等。一般来说，属于相同词性的词，在句法中承担类似的角色。

词性标注极为重要，它为后续的句法分析及语义分析提供必要的信息。

中文词性标注难度较大，主要是词缺乏形态变化，不能直接从词的形态变化上来判别词的类别，并且大多数词具有多义、兼类现象。中文词性标注要更多的依赖语义，相同词在表达不同义项时，其词性往往是不一致的。因此通过查词典等简单的词性标注方法效果较差。

目前，有效的中文词性标注方法可以分为基于规则的方法和基于统计学习的方法两大类：

①基于规则的方法：通过建立规则库以规则推理方式实现的一种方法。此方法需要大量的专家知识和很高的人工成本，因此仅适用于简单情况下的应用。

②基于统计学习的方法：词性标注是一个非常典型的序列标注问题，由于人们可以通过较低成本获得高质量的数据集，因此，基于统计学习的词性标注方法取得了较好的效果，并成为主流方法。常用的学习算法有隐马尔科夫模型、最大熵模型、条件随机场等。

随着深度学习技术的发展，出现了基于深层神经网络的词性标注方法。传统词性标注方法的特征抽取过程主要是将固定上下文窗口的词进行人工组合，而深度学习方法能够自动利用非线性激活函数完成这一目标。

2. 句法分析

在经过词法分析后，汉字串就成了词串，句法分析就是在词串中顺序组织起句子或短语，并对句子或短语结构进行分析，以确定组织句子的各个词、短语之间的关系，以及各自在句子中的作用，将这些关系用一种层次结构形式表示，并进行规范化处理。在句法分析过程中常用的结构方法是树结构形式，此种树称为句法分析树。

句法分析是由专门的句法分析器进行的，该分析器的输入端是一个句子，输出端是一个句法分析树。

句法分析的方法有两种：一种是基于规则的方法；另一种是基于学习的方法。

（1）基于规则的句法分析方法

这是早期的句法分析方法，最常用的是短语结构文法及乔姆斯基文法。

它们是建立在固定规则基础上并通过推理进行句子分析的方法。这种方法因规则的固定性与句子结构的歧义性，产生的效果并不理想。

（2）基于学习的句法分析方法

从20世纪80年代末开始，随着语言处理的机器学习算法的引入，以及大数据量"词料库"的出现，自然语言处理发生了革命性变化。最早使用的机器学习算法，如决策树、隐马尔可夫模型在句法分析得到应用。早期许多值得注意的成功发生在机器翻译领域。特别是IBM公司开发的基于统计机器学习模型。该系统利用加拿大议会和欧洲联盟制作的"多语言文本语料库"将所有政府诉讼程序翻译成相应政府系统的官方语言。最近的研究越来越多地关注无监督和半监督学习算法。这样的算法能够从手工注释（没有答案）的数据中学习，并使用深度学习技术在句法分析中实现最有效的结果。

3. 语义分析

语义分析指运用机器学习方法，学习与理解一段文本所表示的语义内容，通常由词、句子和段落构成，根据理解对象的语言单位不同，又可进一步分解为词汇级语义分析、句子级语义分析以及篇章级语义分析。词汇级语义分析关注的是如何获取或区别单词的语义，句子级语义分析则试图分析整个句子所表达的语义，而篇章语义分析旨在研究自然语言文本的内在结构并理解文本单元（可以是句子从句或段落）间的语义关系。

目前，语义分析技术主流的方法是基于统计的方法，它以信息论和数理统计为理论基础，以大规模语料库为驱动，通过机器学习技术自动获取语义知识。下面首先介绍语言表示的相关知识，然后从词汇级、句子级语义分析两个层次做介绍。

（1）语言表示

人类语言具有一定的语法结构，也蕴涵其所表达的语义信息。在语法和语义上都充满了歧义性，需要结合一定的上下文和知识才能理解。这使得如何理解、表示以及生成自然语言变得极具挑战性。

语言表示是自然语言处理以及语义计算的基础。语言具有一定的层次结构，具体表现为词、短语、句子、段落以及篇章等不同的语言粒度。为了让计算机可以理解语言，需要将不同粒度的语言都转换成计算机可以处理的数据结构。

早期的语言表示方法是符号化的离散表示。为了方便计算机进行计算，一般将符号或符号序列转换为高维的稀疏向量。离散表示的缺点是词与词之间没有距离的概念,如"电脑"和"计算机"被看成是两个不同的词,这和语言的特性并不相符。

离散表示无法解决"多词一义"问题,为了解决这一问题,可以将语言单位表示为连续语义空间中的一个点,这样的表示方法称为连续表示。基于连续表示,词与词之间就可以通过字距离或余弦距离等方式来计算相似度。常用的连续表示有两种:①一种是应用比较广泛的分布式表示。分布式表示是基于 Harris 的分布式假设,即如果两个词的上下文相似,那么这两个词也是相似的。上下文的类型称为相邻词(句子或篇章也有相应的表示),这样就可以通过词与其上下文的共现矩阵来进行词的表示,即把共现矩阵的每一行看作对应词、句子或篇章的向量表示。基于共现矩阵,有很多方法可得到连续的词表示,如潜在语义分析模型、潜在狄利克雷分配模型、随机索引等。如果取上下文为词所在的句子或篇章,那么共现矩阵的每一列是该句子或篇章的向量表示。结合不同的模型,很自然就得到句子或篇章的向量表示。②另外一种是近年来在深度学习中使用的表示,即分散式表示。分散式表示是将语言的潜在语法或语义特征分散式地存储在一组神经元中,可以用稠密、低维的向量来表示,又称嵌入。不同的深度学习技术通过不同的神经网络模型对字、词、短语、句子以及篇章进行建模。除了可以更有效地进行语义计算之外,分散式表示也可以使特征表示和模型变得更加紧凑。

(2)词汇级语义分析

词汇层面上的语义分析主要体现在如何理解某个词汇的含义,主要包含两方面:一是在自然语言中,一个词具有多个含义的现象非常普遍,如何根据上下文确定其含义,这是词汇级语义研究的内容,称为词义消歧;二是如何表示并学习一个词的语义,以便计算机能够有效地计算两个词之间的相似度。

词义消歧。词义消歧根据一个多义词在文本中出现的上下文环境来确定其词义,是自然语言处理的基础步骤。词义消歧包含两个内容:在词典中描述词语的意义;在语料中进行词义自动消歧。

词义表示和学习。随着机器学习算法的发展,目前更流行的词义表示方式是词嵌入。其基本思想是通过训练将某种语言中的每一个词映射成一个固定维数的向量,将所有这些向量放在一起形成一个词向量空间,每一向量可视为该空间中的一个点,在这个空间上引入"距离"的概念,根据词之间的距离来判断它们之间的(词法、语义上的)相似性。

自然语言由词构成,深度学习模型首先需要将词表示为词嵌入。词嵌入向量的每一维都表示词的某种潜在的语法或语义特征。一个好的词嵌入模型应该是对于相似的词,它们对应的词嵌入也相近。

（3）句子级语义分析

句子级的语义分析试图根据句子的句法结构和句中词的词义等信息，推导出能够反映这个句子意义的某种形式化表示。根据句子级语义分析的深浅，可以进一步划分为浅层语义分析和深层语义分析。

类似于词义表示和学习，句子也有其表示和学习方法。

句子表示和学习。在自然语言处理中，很多任务的输入是变长的文本序列，传统分类器的输入需要固定大小。因此，需要将变长的文本序列表示成固定长度的向量。

以句子为例，一个句子的表示可以看成是句子中所有词的语义组合。因此，句子编码方法近两年也受到广泛关注。句子编码主要研究如何有效地从词嵌入通过不同方式的组合得到句子表示。其中，比较有代表性的方法有四种。

①神经词袋模型。神经词袋模型是简单对文本序列中每个词嵌入进行平均，作为整个序列的表示。这种方法的缺点是丢失了词序信息。对于长文本，神经词袋模型比较有效。但是对于短文本，神经词袋模型很难捕获语义组合信息。

②递归神经网络。递归神经网络是按照一个给定的外部拓扑结构（如成分句法树），不断递归得到整个序列的表示。递归神经网络的一个缺点是需要给定一个拓扑结构来确定词和词之间的依赖关系，因此限制其使用范围。

③循环神经网络。循环神经网络是将文本序列看作时间序列，不断更新，最后得到整个序列的表示。

④卷积神经网络。卷积神经网络是通过多个卷积层和下采样层，最终得到一个固定长度的向量。

在上述四种基本方法的基础上，很多研究者综合这些方法的优点，结合具体的任务，已经提出了一些更复杂的组合模型，如双向循环神经网络、长短时记忆模型等。

浅层语义分析。语义角色标注是一种浅层的语义分析。给定一个句子，它的任务是找出句子中谓词的相应语义角色成分，包括核心语义角色（如施事者、受事者等）和附属语义角色（如地点、时间、方式、原因等）。根据谓词类别的不同，可以将现有的浅层的语义分析分为动词性谓词浅层的语义分析和名词性谓词浅层的语义分析。

目前浅层的语义分析的实现通常都是基于句法分析结果，即对于某个给定的句子，首先得到其句法分析结果，然后基于该句法分析结果，再实现浅层的语义分析。这使得浅层的语义分析的性能严重依赖于句法分析的结果。

同时，在同样的句法分析结果上，名词性谓词浅层的语义分析的性能要低于动词性谓词浅层的语义分析。因此，提高名词性谓词浅层的语义分析性能也是研究的一个关键问题。

语义角色标注的任务明确，即给定一个谓词及其所在的句子，找出句子中该谓词的相应语义角色成分。语义角色标注的研究内容包括基于成分句法树的语义角色标注和基于依存句法树的语义角色标注。同时，根据谓词的词性不同，可进一步分为动词性谓词和名词性谓词语义角色标注。尽管各任务之间存在着差异性，但标注框架类似。以下以基于成分句法树的语义角色标注为例，任务的解决思路是以句法树的成分为单元，判断其是否担当给定谓词的语义角色。系统通常可以由三部分构成：

①角色剪枝：通过制定一些启发式规则，过滤掉那些不可能担当角色的成分。

②角色识别：在角色剪枝的基础上，构建一个二元分类器，即识别其是或不是给定谓词的语义角色。

③角色分类：对那些是语义角色的成分，进一步采用多元分类器，判断其角色类别。

在以上的框架下，语义角色标注的研究内容是如何构建角色识别和角色分类的分类器。常用的方法有基于特征向量的方法和基于树核的方法。

在基于特征向量的方法中，最具有代表性的七个特征是成分类型、谓词子类框架、成分与谓词之间的路径、成分与谓词的位置关系、谓词语态、成分中心词和谓词本身。这七个特征随后被作为基本特征广泛应用于各类基于特征向量的语义角色标注系统中，同时后续研究也提出了其他有效的特征。

作为对基于特征向量方法的有益补充，核函数的方法挖掘隐藏于句法结构中的特征。例如：可以利用核函数 PAK 来抓取谓词与角色成分之间的各种结构化信息。此外，传统树核函数只允许"硬"匹配，不利于计算相似成分或近义的语法标记，相关研究提出了一种基于语法驱动的卷积树核用于语义角色标注。

在角色识别和角色分类过程中，无论是采用基于特征向量的方法，还是基于树核的方法，其目的都是尽可能准确地计算两个对象之间的相似度。基于特征向量的方法将结构化信息转化为平面信息，方法简单有效；缺点是在制定特征模板的同时，丢弃了一些结构化信息。同样，基于树核的方法有效解决了特征维数过大的问题，缺点是在利用结构化信息的同时会包含噪声信息，计算开销远大于基于特征向量的方法。

二、自然语言处理之自然语言生成

计算机中的思维意图用人工智能中的知识模型表示后，再转换生成自然语言被人类所理解，称为自然语言生成。在自然语言生成中也大量用到人工智能技术。一般而言，自然语言生成结构可以由三个部分构成：内容规划、句子规划和句子实现。

（一）内容规划

内容规划是生成的首要工作，其主要任务是将计算机中的思维意图用人工智能中的知识模型表示，包括内容确定和结构构造两部分。

1. 内容确定

内容确定的功能是决定生成的文本应该表示什么样的问题，即计算机中的思维意图的表示。

2. 结构构造

结构构造则是完成对已确定内容的结构描述，即建立知识模型。具体来说，就是用一定的结构将所要表达的内容按块组织，并决定这些内容块是怎样按照修辞方法互相联系起来，以便更加符合阅读和理解的习惯。

（二）句子规划

在内容规划基础上进行句子规划。句子规划的任务就是进一步明确定义规划文本的细节，具体包括选词、优化聚合、指代表达式生成等。

1. 选词

在规划文本的细节中，必须根据上下文环境、交互目标和实际因素用词或短语来表示。选择特定的词、短语及语法结构以表示规划文本的信息。这意味着对规划文本进行消息映射。有时只用一种选词方法来表示信息或信息片段，在多数系统中允许多种选词方法。

2. 优化聚合

在选词后，对词按一定规则进行聚合，从而组成句子初步形态。优化后使句子更为符合相关要求。

3. 指代表达式生成

指代表达式生成决定什么样的表达式。句子或词汇应该被用来指代特定的实体或对象。在实现选词和聚合之后，对指代表达式生成的工作来说，就是让句子的表达更具语言色彩，对已经描述的对象进行指代以增加文本的可读性。

句子规划的基本任务是确定句子边界，组织材料内部的每一句话，规划句子交叉引用和其他的回指情况，选择合适的词汇或段落来表达内容，确定时态、模式，以及其他的句法参数等，即通过句子规划，输出的应该是一个子句集列表，且每一个子句都应该有较为完善的句法规则。事实上，自然语言是有很多歧义性和多义性的，各个对象之间大范围的交叉联系等情况，造成完成理想化句子规划是一个很难的任务。

（三）句子实现

在完成句子规划后，即进入最后阶段—子实现。它包括语言实现和结构实现两部分，具体地讲就是将经句子规划后的文本描述映射至由文字、标点符号和结构注解信息组成的表层文本。句子实现生成算法首先按主谓宾的形式进行语法分析，并决定动词的时态和形态，再完成遍历输出。其中，结构实现完成结构注解信息至文本实际段落、章节等结构的映射；语言实现完成将短语描述映射到实际表层的句子或句子片段。

三、语音处理

（一）语音处理之原理

语音处理包括语音识别、语音合成及语音的自然语言处理等三部分内容。所讨论的自然语言主要指的是汉语。其中，语音识别是从汉语语音到汉字文本的识别过程，语音合成是从汉字文本到汉语语音的合成过程。

在语音处理中需要用到大量的人工智能技术，包括知识与知识表示、知识库、知识获取等内容。重点使用的是知识推理、机器学习及深度学习等方法，特别是其中的深度人工神经网络中的多种算法。此外，还与大数据技术紧密关联。

（二）语音识别

1. 语音识别基本方法

语音识别（ASR）是指利用计算机实现从语音到文字自动转换的任务。在实际应用中，语音识别通常与自然语言理解和语音合成等技术结合在一起，提供一个基于语音的自然流畅的人机交互过程。

早期的语音识别技术多基于信号处理和模式识别方法。随着技术的进步，机器学习方法越来越多地应用到语音识别研究中，特别是深度学习技术，它给语音识别研究带来了深刻变革。同时，语音识别通常需要集成语法和语义等高层知识来提高识别精度，和自然语言处理技术息息相关。另外，随着数据量的增大和计算能力的提高，语音识别越来越依赖数据资源和各种数据优化方法，这使得语音识别与大数据、高性能计算等新技术广泛结合。语音识别是一门综合性应用技术，集成了包括信号处理、模式识别、机器学习、数值分析、自然语言处理、高性能计算等一系列基础学科的优秀成果，是一门跨领域、跨学科的应用型研究。

语音识别是让机器通过语音识别方法把语音信号转换为相应的文本的技术。语音识别方法一般采用模式匹配法，包括特征提取、模式匹配及模型训练三方面：①对语音的特性作提取，形成一个特征向量。②在训练阶段，用户将词汇表中的每一词依次读一遍，并且将其特征向量作为模式存入模式库。③在识别阶段，采用模式匹配，将输入语音的特征向量依次与模板库中的每个模板进行相似度比较，将相似度最高者作为识别结果输出。

2. 语音识别中的难题

语音识别是一个很复杂的问题，主要有五个难题：①对自然语言的识别和理解。首先必须将连续讲话的语音分解成为词、音素等单位，其次要建立一个理解这些单位的语义规则，它们为后续语音识别建立基础。②语音信息量大。语音模式不仅对不同的说话人不同，对同一说话人也是不同的，如一个说话人在随意说话和认真说话时的语音信息是不同的。同时，一个人的说话方式可因时间不同产生不同变化，也可因地理位置不同而产生不同变化等。③语音的模糊性。说话者在讲话时，不同的词可能听起来是相似的。这在汉语中是常见的。④单个字母或词、字的语音特性受上下文的影响，以致改变了重音、音调、音量和发音速度等。⑤环境噪声和干扰对语音识别有严重影响，致使识别率低。

3. 语音识别步骤

语音识别方法在操作时可分以下五个步骤：

（1）前端处理

前端处理是指在特征提取之前，对原始语音进行处理。一般，处理后的信号更能反映语音的本质特征。最常用的前端处理有端点检测和语音增强。端点检测是指在语音信号中将语音和非语音信号时段区分开来，准确地确定语音信号的起始点。经过端点检测后，后续处理就可以只对语音信号进行，这对提高模型的精确度和识别正确率有重要作用。语音增强的主要任务就是消除环境噪声对语音的影响。目前通用的方法是采用维纳滤波，该方法在噪声较大的情况下效果好于其他滤波器。

（2）特征提取

语音识别的一个主要困难在于语音信号的复杂性和多变性。一段看似简单的语音信号，其实包含说话人、发音内容、信道特征、口音方言等大量信息。不仅如此，这些底层信息互相合在一起，又表达了情绪变化、语法语义、暗示内涵等丰富的高层信息。如此众多的信息中，仅有少量是和语音识别相关的，这些信息被淹没在大量其他信息中，充满了变动性。语音特征抽取即是在原始语音信号中提取与语音识别最相关的信息，滤除其他无关信息。

语音特征抽取的原则是：尽量保留对发音内容的区分性，同时提高对其他信息变量的健壮性。近年来的研究倾向于通过数据驱动学习适合某一应用场景的语音特征。

（3）声学模型建立

语音识别的模型通常由声学模型和语言模型两部分组成。声学模型对应于语音到音节概率的计算，亦即对声音信号（语音特征）的特性进行抽象化。自20世纪80年代以来，声学模型基本上以概率统计模型为主，特别是隐马尔可夫模型/高斯混合模型（HMM/GMM）结构。近几年，深度神经网络和卷积神经网络模型以及LSTM长短时记忆模型成为声学模型的主流结构。

（4）语言模型建立

语言模型对应于音节到字概率的计算，亦即对语言中的词语搭配关系进行归纳，抽象成概率模型。这一模型在解码过程中对解码空间形成约束，不仅减少计算量，而且可以提高解码精度。

传统的语言模型多采用统计语言模型，即用概率统计的方法来揭示语言单位内在的统计规律，其中基于N元文法的N-Gram简单有效，被广泛使用。近年来深度神经网络的语言模型发展很快，在某些识别任务中取得了比N-Gram模型更好的结果，但它不论训练和推理都显著慢于N-Gram，所以在很多实际应用场景中，很大一部分语言模型仍然采用N元文法的方式。N-Gram会计算词典中每个词对应的词频以及不同的词组合在一起的概率，用N-Gram可以很方便地得到语义得分。

将N-Gram模型用加权有限状态转换机（Weighted Finite State Transducer，WFST）的形式加以定义，获得了规范的、可操作的语义网络。在WFST概念出现以后，对语义网络的优化、组合等操作都建立起了严格的数学定义，可以非常方便地将两个语义网络进行组合、串联、组合后再进行裁剪等。将N-Gram词汇模型、发音词典串联后展开，得到了基本发音音素的语义搜索网络。

（5）解码搜索

解码是利用语音模型和语言模型中积累的知识，对语音信号序列进行推理，从而得到相应语音内容的过程。

早期的解码器一般为动态解码，即在开始解码前，将各种知识源以独立模块形式加载到内存中，动态构造解码图。

现代的解码器多采用静态解码，即将各种知识源统一表达成有限状态转换机FST，并将各层次的FST嵌套组合在一起，形成解码图。解码时，一般采用Viterbi算法在解码图中进行路径搜索。为加快搜索速度，一般对搜索路径进行剪枝,保留最有希望的路径。

一般的解码过程是通过统计分析大量的文字语料构建语言模型,得到音素到词、词与词之间的概率分布。语言解码过程综合声学打分及语言模型概率打分,寻找一组或若干组最优词模型序列以描述输入信号,从而得到词的解码序列。

语音的解码搜索是一个启发式—局部最优搜索问题。早期的语音识别在处理十多个命令词识别这样的有限词汇简单任务时,往往可以采用全局搜索。

整个语音识别的大致过程总结如下:

根据前端声学模型给出的发音序列,结合大规模语料训练得到的 N—Gram 模型,在 WFST 网络上展开,从 N—Gram 输出的词网络中通过 Viterbi 算法寻找最优结果,将音素序列转换成文本。

(三)语音合成

语音合成又称文语转换,它的功能是将文字实时转换为语音。为了合成高质量的语音,除了依赖于各种规则,包括语义学规则、词汇规则、语音学规则外,还必须对文字的内容有很好理解,这也涉及自然语言理解的问题。

人在发出声音前,经过一段大脑的高级神经活动,先有一个说话的意向,然后根据这个意向组织成若干语句,接着可通过发音输出。目前语音合成主要是以文本所表示的语句形式到语音的合成,实现这个功能的系统称为 TTS 系统。

语音合成的过程是先将文字序列转换成音韵序列,再由系统根据音韵序列生成语音波形。第一步涉及语言学处理,如分词、字音转换等,以及一整套有效的韵律控制规则;第二步需要使用语音合成技术,能按要求实时合成高质量的语音流。因此,文语转换有一个复杂的、由文字序列到音素序列的转换过程,包含文本处理、语言分析、音素处理、韵律处理和平滑处理等五个步骤。

1. 文本处理和语言分析

语音合成首先是处理文字,也就是文本处理和语言分析。它的主要功能是模拟人对自然语言的理解过程—文本规范化、词的切分、语法分析和语义分析,使计算机能从这些文本中认识文字,进而知道要发什么音、怎么发音,并将发音的方式告诉计算机。另外,还要让计算机知道,在文本中,哪些是词,哪些是短语或句子,发音时应该到哪里停顿及停顿多长时间等。工作过程分为以下三个主要步骤:①将输入的文本规范化。在这个过程中,要查找拼写错误,并将文本中出现的一些不规范或无法发音的字符过滤掉。②分析文本中词或短语的边界,确定文字的读音,同时分析文本中出现的数字、姓氏、特殊字符、专有词语以及各种多音字的读音方式。③根据文本的结构、组成和不同位置上出现的标点符号，确定发音时语气的变换以及发音的轻重方式。最终，文本分析模式将输入的文字转换成计算机能够处理的内部数据形式，便于后续模块进一步处理并生成相应的信息。

传统的文本分析主要是基于规则的实现方法，主要思路是尽可能地将文字中的分词规范、发音方式罗列起来，总结出规则，依靠这些规则进行文本处理。这些方法的优点在于结构较为简单、直观，易于实现；缺点是需要时间去总结规则，且模块性能的好坏严重依赖于设计人员的经验以及他们的背景知识。由于这些方法能取得较好的分析效果，因此，依然被广泛使用。

近几年来，统计学方法以及人工神经网络技术在计算机多个领域中获得了成功的应用，计算机从大量数据中自动提取规律已完全成为现实。因此出现了基于数据驱动的文本分析方法，二元语义法、三元语义法、隐马尔可夫模型法和神经网络法等方法成为主流。

2. 音素处理

语音合成是一个分析—存储—合成的过程，一般是选择合适的基元，将基元用数据编码方式或波形编码方式进行存储，形成一个语音库。合成时，根据待合成的语音信息，从语音库中取出相应的基元进行拼接，并将其还原成语音信号。语音合成中，为了便于存储，必须先将语音信号进行分析或变换，在合成前必须进行相应的反变换。其中，基元是语音合成中所处理的最小的语音学基本单元，待合成词语的语音库就是所有合成基元的集合。根据基元的选择方式以及其存储形式的不同，可以将合成方式笼统地分成波形合成方法和参数合成方法。常用的是波形合成方法。

波形合成方法是一种相对简单的语音合成技术。把人的发音波形直接存储或者进行简单波形编码后存储，组合成一个合成语音库；合成时，根据待合成的信息，在语音库中取出相应单元的波形数据，拼接或编辑到一起，经过解码还原成语音。这种语音合成器的主要任务是完成语音的存储和回放任务。波形合成法一般以语句、短句、词，或者音节为合成基元。

3. 韵律处理

人类的自然发音具有韵律节奏，主要通过韵律短语和韵律词来体现。与语法词相似，语音合成中存在着韵律词，多个韵律词又组成韵律短语，多个韵律短语可以构成语调短语。韵律处理就是要进行韵律结构划分，判断韵律节奏，以及划分韵律特性，从而为合成语音规划出重音、语调等音段特征，使合成语音能正确表达语意，听起来更加自然。

语言分析、文本处理和音素处理的结果是得到了分词、注音和词性等基本信息，以及一定的语法结构。然而这些基本信息通常不能直接用来进行韵律处理，需要在前者的基础上引入韵律节奏的预测机制，从而实现文本处理和韵律处理的融合，并从更深层次上分析韵律特性。韵律节奏主要通过重音组合和韵律短语等综合体现，可以利用规则或韵律模型对韵律短语便捷位置进行预测。

（1）基于规则的韵律短语预测

利用韵律结构与语法结构的相似性研究韵律结构，使用人工的标注方法实现对汉语韵律短语的识别。从文本分析中获得分词信息并进行韵律组词，然后利用获得的句法信息，构建韵律结构预测树来预测文本的停顿位置分布和停顿等级，最后输出韵律结构。

利用规则的方法便于理解、实现简单，但是存在着缺陷。首先，规则的确定往往是由专家从少量的文本中总结归纳的，不能够代表整个文本；其次，由于人的个人意识和偏好，难免会受到经验及能力的限制，且规则的复用度低，可移植性差。因此，目前有关于韵律短语预测主要集中在基于机器学习的预测模型上。

（2）基于机器学习的韵律短语预测

利用统计韵律模型计算概率出现的频度实现对韵律词边界的预测和韵律短语边界的识别。韵律模型可以从韵律的声学参数上直接建模，如基频模型、音长模型、停顿模型等。

通常情况下可以利用文本分析得到分词、注音和词性等结果，建立语法结构到韵律节奏的模型，包括韵律短语预测和重音预测等，然后进一步通过重音和韵律短语信息结合成统一的语境信息，最终实现韵律声学参数的预测和进行选音的步骤。

4. 平滑处理

如果直接将挑选得到的合成单元拼接容易导致语音的不连续，因此必须对拼接单元进行平滑处理。

在得到拼接单元后，如果将它们单纯地拼接起来，则在拼接的边界处会由于数据的"突变"而产生一些高频噪声，因此，在拼接时还需要在各个单元的衔接处进行平滑处理，提高合成语音的自然度。

一般相邻的语音基元之间会存在一定数量和程度的重叠部分，这样就会进行过渡性的平滑，使得不会产生边界处的咔嗒声，而对于不相邻的两段语音基元之间，要想将它们拼接起来，可以在要拼接的两个基元之间人为地插入经过韵律参数调整过的语音过渡段，这样就可以保证前后音节拼接点处的基频或是幅度不会出现大的突变，使得它们之间可以平滑连接起来。音节与音节之间可以分为两部分：一是来自同一音频文件的单元；二是来自不同音频文件的单元。第一种情况下拼接单元谱能量基本不变，所以只需重点处理第二种情况即可。

（四）语音处理

语音处理即语音形式的自然语言理解与语音形式的自然语言生成。

1. 语音形式的自然语言理解

语音形式的自然语言理解又称语音理解，它是由语音到计算机中的知识模型的转换过程。这个过程实际上就是由语音识别与文本理解两部分组成。其步骤是：①用语音识别将语音转换成文本。②用文本理解将文本转换成计算机中的知识模型。

经这两个步骤后，就可完成从语音到计算机中的知识模型的转换过程。

2. 语音形式的自然语言生成

语音形式的自然语言生成又称语音自然语言生成，它是由计算机中的知识模型到语音的转换过程。这个过程实际上就是由文本生成与语音合成两部分组成。其步骤是：①用语音生成将计算机中的知识模型转换成文本。②用文本合成将文本转换成语音。

经这两个步骤后，就可完成从计算机中的知识模型到语音的转换过程。

第二节　智能信息处理技术

一、深度学习

（一）深度学习的基本认知

谷歌用深度学习算法再次引起了全世界对人工智能的关注。在与谷歌开发的围棋程序的对弈中，柯洁完败。这个胜利的背后是包括谷歌在内的科技巨头近年来在深度学习领域的大力投入。深度学习近年来取得了前所未有的突破，由此掀起了人工智能新一轮的发展热潮。深度学习本质上就是用深度神经网络处理海量数据。深度神经网络有卷积神经网络（Convolutional Neural Networks，CNN）和循环神经网络（Recurrent Neural Networks，RNN）两种典型的结构。

神经网络始于20世纪40年代，其构想来源于对人类大脑的理解，它试图模仿人类大脑神经元之间的传递来处理信息。早期的浅层神经网络很难刻画出数据之间的复杂关系，20世纪80年代兴起的深度神经网络又由于各种原因一直无法对数据进行有效训练。直到乔治·辛顿等人给出了训练深度神经网络的新思路，之后的短短几年时间，深度学习颠覆了语音识别、图像识别、文本理解等众多领域的算法设计思路。再加上用于训练神经网络的芯片性能得到了极大提升以及互联网时代爆炸的数据量，才有了深度神经网络在训练效果上的极大提升，深度学习技术才有如今被大规模商业化的可能。

1. 走进深度学习

传统的机器学习方式是先把数据预处理成各种特征，然后对特征进行分类，分类的效果高度取决于特征选取的好坏，因此把大部分时间花在寻找合适的特征上。而深度学习是把大量数据输入一个非常复杂的模型，让模型自己探索有意义的中间表达。深度学习的优势在于让神经网络自己学习如何抓取特征，因此可以把它看作一个特征学习器。值得注意的是，深度学习需要海量的数据喂养，如果训练数据少，深度学习的性能并不见得就比传统的机器学习方法好。

（1）从逻辑回归到浅层神经网络

我们知道，深度学习主要指多层神经网络，让我们先来了解一下什么是神经网络。神经网络并没有听起来那么高深，其本质上也属于机器学习的一种模型。

逻辑回归模型将输入变量按一定权重线性组合求和，然后对得到的值施加一个名为 Sigmoid 的函数变换，即 $g(z) = 1/1+e^{-z}$ 。这个过程中的 x_1, x_2, x_3 为输入变量，也是我们数据集中的特征，将它们线性组合得到一个数值，再对这个数值进行 Sigmoid 函数变换，从而可以预测实际的 y。

逻辑回归模型本质上是一个浅层神经网络（Shallow Neural Networks）。这里它只有输入层和输出层。输入层经过线性组合，然后被施加一个函数，这里把这个函数叫作激活函数（Activation Function），随后得到输出层的结果。我们把它暂时称为"简单结构"。如果我们在输入层和输出层之间加入中间层，那么一个严格意义的神经网络就形成了。

这个模型在输入层和输出层之间多了一个隐藏层（Hidden Layer），这个隐藏层有三个神经元，它们在结构图中作为节点与前一层（输入层）的节点（x_1, x_2, x_3）通过有向线段两两相连。听起来复杂，如果我们把中间三个神经元分开来看。

x_1, x_2, x_3 通过一定的权重比例线性组合，得到一个新的数，然后这个新的数被施加一个激活函数，得到一个输出值。中间层实际上就是三个"简单结构"并行运行出来的结果，并将得到的三个结果存储在中间层神经元中，然后作为新的输入变量传给下一层。这里三个"简单结构"并行运行，并不是把一个过程重复三次。虽然数据变量都是一样的，但每个结构中线性组合的权重（也就是参数）是不一定相同的。因此，三个神经元的数值是不一样的。将得到的三个数值作为输入变量传递给下一层。

于是在第二层将中间层计算的结果当作输入变量,重新进行"线性组合＋激活函数"的操作,最终得到输出值。这样一个2层的神经网络的计算过程就完成了。

(2) 深度神经网络

神经网络可以有多个隐藏层,当我们使用更多的层数时,实际上就是在构造所谓的深度神经网络。在实际应用中,我们会使用几十个甚至几百个隐藏层。并且事实证明,让网络变得更深层确实会提高模型的准确率。几百层的结构的确会比简单的几层网络表现得更优秀。

我们再来看深度神经网络的结构。每个隐藏层可以有任意数量的神经元,可以大于、小于或等于输入层变量个数,但一般至少要有2个,每层的数量也可以各不相等。

在介绍神经网络的训练前,我们要先弄明白一件事。前面所提到的神经网络的层数、每层的神经元节点数以及每个地方激活函数的选择都是预先指定的,而不是被训练的,也就是说,它们是神经网络模型的超参数。

神经网络由神经元、网状结构和激活函数构成。每一个节点都是一个神经元,神经网络通过网状结构将每一层的信息传递给下一层。而信息传递的方式正是前文描述的通过线性组合生成新的神经元的形式。神经网络看似复杂,但简单来说,其实只干了三件事:

① 对输入变量施加线性组合。

② 套用激活函数。

③ 重复前两步。

(3) 正向传播

"线性组合"和"激活函数",就是神经网络的两大"法宝"。很多人喜欢把神经网络看成一个黑匣子,认为从输入到输出之间经过了复杂的计算程序。不过看清这个计算过程之后,其实整个流程很简单,就是不断重复"线性组合"和"激活"的过程:

输入→线性组合→激活→线性组合→激活→……→线性组合→激活→输出

像这样从输入端 x_1, x_2 … 到输出端生成 y 的计算过程叫作正向传播(Forward Propagation)。上述步骤正是正向传播的步骤。在给定各层权重参数的情况下,我们可以通过正向传播由已知 x,计算出 y。至此,我们知道了神经网络是如何从输入计算到输出的。

(4) 激活函数

神经网络的核心在于激活函数。激活函数的存在使得神经网络由线性变为非线性。如果不使用激活函数或者使用线性激活函数都不能达到这个目的。这是因为线性组合的线性组合仍然是原变量的线性组合。激活函数通常有 ReLU、Sigmoid、Tanh 等。读者在没有具体的想法时，不妨尝试使用以上几种主流的选择，特别是 ReLU。这个函数虽然简单，但随着时间的推移，人们发现这个激活函数不仅会给运算上带来方便，效果在很多实际问题中也是最好的。早期一些学者的论文中使用 Sigmoid 以及其他激活函数的地方在如今的应用中都被换成了 ReLU。

2. 深度学习应用

（1）AlphaGo

阿尔法围棋（AlphaGo）是一款人工智能围棋程序，由谷歌（Google）旗下 DeepMind 公司的戴密斯·哈萨比斯、大卫·席尔瓦、黄士杰和他们的团队开发。凭借深度学习技术，阿尔法围棋的棋力已经达到甚至超过围棋职业九段水平。

AlphaGo 网络结构的程序主要包括 4 个部分。

①走棋网络（Policy Network），在对当前局面采样后，计划下一步的走棋。

②快速走子（Fast Rollout），目标和走棋网络一样，但在适当牺牲走棋质量的条件下，速度快约 1000 倍。

③估值网络（Value Network），给定当前局面，估计是白胜还是黑胜。

④蒙特卡罗树搜索（MCTS，Monte Carlo Tree Search），把以上这三个部分连起来，形成一个完整的系统。

其中，走棋网络和估值网络正是基于近几年在图像处理领域取得突破的深度卷积神经网络。

（2）目标识别

ImageNet 是由斯坦福大学组建的，目前世界上最大的图像识别数据库，其每年举办的 ILSVRC（Image Net Large Scale Visual Recognition Competition）竞赛吸引了全世界学术界和工业界巨头的参与，代表了目前图像检测和目标识别领域的最高水准。

（二）神经网络路径

1. 神经网络的优化策略

优化的目的是让算法能更快收敛，使得训练速度加快。优化是神经网络建模中极其重要的环节，它直接决定了模型的训练时间和投入产出的性价比。在神经网络模型搭建中，优化包括任何可以使算法更快收敛、模型训练加快的手段。下面让我们来看一些常见的优化策略。

(1) Mini-Batch

为了加快训练速度,我们先不说算法,首先从读取数据"开刀"。传统的训练过程中的一个最大痛点是在漫长的迭代过程中,每一次都要读入整个样本集数据。样本量非常大的时候会成为限制运算速度的主要因素。为了让一次迭代数据缩短,我们是否可以考虑在一次迭代中仅使用部分样本数据?答案是可以的。Mini-Batch 的原理是分批次读入样本数据,从而缩短一次迭代的运算时间。

为了充分利用样本集,我们将样本随机分成若干组(Batches),使得每一组有 N 个样本。假设共有 m 个样本,那么一共分成 m/N 个组(若 N 取值不能整除 m,则进行取整,整除多出来的样本单独作为一组)。通常 N 取值为 2 的整数次方,比如 128、256 等。

N 通常被称为 Mini-Batch Size,属于超参数之一。假设我们有 m=2000 条样本,Mini-Batch Size N=256,那么第一次读取的是第 1~256 个样本(样本顺序已随机打乱),进行一次迭代(正向传播和反向传播)后,在第二次迭代时读取第 257~512 个样本,以此类推……第 7 次迭代读取第 1537~1792 个样本,第 8 次迭代读取第 1793~2000 个样本(本次样本量小于 256)。在 8 次迭代后,整个样本进行了一次遍历。我们把到此为止的过程叫作一个周期(Epoch)。在此之后重新开始下一个周期,整个样本集重新洗牌,随机分成 8 个组,然后重复类似上一个周期的操作,如此往复。

由此可见,Mini-Batch 和常规算法的最大区别就是,每次迭代时,读取的样本是不一样的。每一次训练过程是在样本集的一个随机子集上进行的,而不是整个样本集。这样一来大大缩短了一次迭代的运算时间,从而使得训练时间大大缩短。

有的读者会想,这样做是否会影响收敛的轨迹呢?每次样本不一样,在整个训练过程刚开始的时候,参数的行进轨迹的确会显得不太规律,但经过一段时间后会步入正轨,最终逐渐向最优值靠拢。通常 Mini-Batch 只会缩短训练时间,不会给训练带来任何负面影响。所以在实际应用中,当样本量很大的时候,几乎总是会用到 Mini-Batch。

(2) 输入数据标准化

了解 Mini-Batch 之后,我们把目光投向标准化。标准化指的是将所有数据减去其均值,再除以标准差的过程。标准化后的样本点在每个维度上分散程度更加均衡,也就是说每个特征的波动区间更加接近。设想一组包含 100 个记录的样本,每个样本有 2 个特征 x_1 和 x_2。x_1 分布在 0~100,而 x_2 分布在 0~1。这种情况下,我们非常有必要对数据进行标准化处理的。

经过标准化处理后，样本在每一个分量的波动幅度相当。为什么要这样做呢？因为这样一来价值函数曲线将变得更加均匀、圆滑，而不是呈扁平状。而后者会导致参数的行进轨迹呈现"锯齿形"，最终花更长的时间才能抵达最优点。

（3）Momentum

Momentum 的出发点和标准化有些类似，也是为了让梯度轨迹在迭代中能够不走弯路，不过 Momentum 是从算法下手去改进的。梯度轨迹出现"锯齿形"是学习过程中非常常见的情况。事实上，即使进行了标准化处理，价值函数曲线经常不是完美的"圆形"一般情况下，梯度曲线都是很难轻易地"径直"走向终点的。

Momentum 的思想是将过去几次梯度进行平均作为当前的梯度。Momentum 在物理学中是"动量"的意思，实际上这种方法借用了物理学的思想。动量对应于空间中的概念是速度。我们换个角度看这个算法。Momentum 的思想是，与其每一次去试图修正"位移"，不如去修正"速度"。

2. 正则化方法

正则化的目的是防止模型过拟合。在神经网络中，通常有 L1/L2 正则化、Dropout 两种方式。

（1）L1/L2 正则化

这种方法很简单，和之前在逻辑回归中介绍的技巧类似，是在模型的价值函数的基础上加上一个惩罚项。

由于价值函数的变化，反向传播的计算也会相应地改变，但不用担心，我们完全不用推翻原来的反向传播计算过程，只需要在原来的基础上改变。由于新的 J（w，b）为两项求和的形式，在求梯度之后仍为两项求和，因此计算的第一步只需在原来的基础上添加一项，即 lamda/2m * ||w||2，2 对 w 的导数。

后续计算与正常情况类似。

（2）Dropout

另一种有效的正则化技巧是 Dropout。Dropout 的原理是在每次迭代过程中，随机让一部分神经元"失效"。这个过程可以这样理解，现在我们在每个神经元上安装一个"开关"。在每次迭代中，随机关闭其中一部分。每个神经元被关闭的概率都是相同的，等于预设值，比如 0.5（实际上每一层的预设概率值可以有差异，但通常被设成同一个值。在实际操作中，绝大多数情况都只设一个通用的概率值，所以后文假设每一层概率都相同）。

缩小的网络适用且仅适用于这一批样本，包括正向传播与反向传播。在这次反向传播后，只有这个小网络对应的权重参数被修正。在下一批样本进来后，将所有开关打开，然后重新执行随机关闭的过程，以此类推。因此，在每次迭代中，我们在使用一个随机的、缩小的网络在训练，每次训练模型都不一样。

在实际编程操作中，每一层的"开关"是通过引入一个布尔向量 d [1] 实现的（维度与该层输出值 a [1] 相同，每个维度为 0 或 1，表示关闭或打开），让 d [1] 与 a [1] 相乘，被关闭的神经元的输出值变为 0，而未关闭的神经元保留原来 a [1] 的数值，然后将得到的值作为新的、被修正的 a [1]，并当作输入变量传递给下一层。

值得注意的是，在正向传播中，每一层神经元在计算后通常要进行数值修正。第 l 层的激活函数计算得到的数值 a [1] 要除以预设值概率 p，这里的 p 是指开关为开启的概率（如此定义便于运算）。比如 p=0.7，就意味着每个神经元被关闭的概率是 30%，开启的概率是 70%。这样做是为了保持 a [1] 的后续运算单元的期望值不变。因为在 Dropout 之后，神经元减少，传递给下一层的被修正的 a [1] 的所有维度中，只有期望为 p * n [1] 的维度为非空值。为了让 z [1+1] 从数值上期望不变，会在 a [1] 进行 Dropout 修正之后，再进行一个数值修正 a [1] = a [1] /p，这样 z [1+1] 的数值就不会因为 Dropout 而"萎缩"了。这通常被称为反向失活（Inverted Dropout）。

Dropout 只用在训练过程中，一旦参数被训练好后，在测试集计算中不使用 Dropout，也就是说要开启所有神经元。另外要注意的是，要记住 Dropout 是一种正则化方法，只有当模型确实出现过拟合时才使用，否则无须使用。

（三）卷积神经网络

卷积神经网络（CNN，Convolutional Neural Network）是近年来机器学习领域取得巨大进展的主要推力之一，它在图像识别、自然语言处理等领域内都发挥了出色的效果，展现出了超越传统机器学习模型的巨大优势。

如今，CNN 已经成为众多科学领域的研究热点之一，特别是在模式分类领域，由于该网络避免了对图像的复杂前期预处理，可以直接输入原始图像，因而得到了更为广泛的应用。

1. 卷积神经网络结构

为了使深度神经网络能够有效工作，需要降低网络中参数的数量。为了做到这一点，卷积神经网络主要采用了三种方法：一是局部感知，二是参数共享，三是池化，下面分别对这三种方法进行讲解。

（1）局部感知

以图像处理为例，一般认为人对外界的认知是从局部到全局的，而图像的空间联系也是局部的像素联系较紧密,而距离较远的像素相关性则较弱。因而,每个神经单元其实没有必要对全局图像进行感知,只需要对局部进行感知,然后在更高层将局部的信息综合起来就得到了全局的信息,视觉皮层的神经元就是局部接收信息的(即这些神经元只响应某些特定区域的刺激)。

对于图像处理任务,假设图像仍为 1000×1000 像素,在局部连接中,假如每个隐藏层神经单元只和 10×10 个像素值相连,具有 100 个参数,那么,在生成与输入像素同样多的隐藏单元的情况下,权值数据为 1000×1000×100 个参数,减少为原来的万分之一。通过局部感知,一方面使需要训练的参数大大减少,从而在一定程度上减少了计算量;另一方面,局部感知也使神经网络模型可以感知图像的局部特性。

(2)参数共享

此时参数仍然过多,还需进一步减少,因此引入参数共享。在上面的局部连接中,每个神经单元都对应 100 个参数,共有 1000×1000 个神经单元,如果这 1000×1000 个神经单元的 100 个参数是在各个位置上共享的,则参数数目就只需要 100 个。此时,两层神经单元之间的连接变化为一种卷积操作。

参数共享确实大大减少了神经网络中的参数,在上面的例子中减少为百万分之一,但是这样做是否具有意义?也就是说,经过参数共享的神经网络是否仍然有效?

对此,可以把这 100 个参数进行的卷积操作看成是提取特征的方式,该方式与位置无关。这其中隐含的原理是:图像的特征具有位置无关性。也就是说,当某一特征出现在图像中时,无论出现在哪一个具体位置都将被提取出来。这意味着在这一部分学习的特征也能用在另一部分上,所以对于这个图像上的所有位置,都能使用同样的学习特征。这样提取出的一组 100 个参数被称为一个卷积核(Kernel)。通过增加卷积核的数量,可以提取出图像的多种特征。

通过参数的共享,卷积神经网络所需的参数大大减少,并同时可以提取图像中与位置无关的各种特征。

(3)池化

池化(Pooling)指的是通过某种池化方程对卷积层的输出进行处理,池化方程整合输出某一相邻区域的整体统计特征。例如最大池化(Max Pooling)会输出某一邻域内的最大值。

对于一个 1000×1000 的输入,如果使用一个 10×10 的最大池化层,那么输出的单元数量将变为原来的百分之一,同样大大减少了参数数量。同时,在对网络进行训练时,只需对每个 10×10 单元中的最大值单元对应的参数进行训练，大大减少了训练所需的计算量。

池化层的意义在于，相对于图像特征出现的位置，我们更加关心图像特征是否出现。通过引入池化层，我们得到的模型具有抵抗图像轻微位移的能力。如果对图像进行微小的移动或旋转，此模型仍然能够正确地进行识别。

（4）各个结构的组合

以上是卷积神经网络的主要组成部分，根据不同任务的需求，通过灵活地组合各个特性，可以获得适应不同目标的优秀模型。

2. 卷积运算

卷积运算是卷积神经网络中的核心演算步骤。卷积运算是将一个矩阵和另一个"矩阵乘子"通过特定规则计算出一个新的矩阵的过程。这个"矩阵乘子"叫作卷积核（Filter）。比如一个 $5*5$ 的矩阵和一个 $3*3$ 的卷积核进行卷积，可以得到一个 $3*3$ 的矩阵。

卷积运算按照下述方式进行：首先，根据卷积核的规格，对应原矩阵左上角的矩阵。

将选中的矩阵和卷积核矩阵"相乘"。这里的乘指的是对应元素相乘，然后求和，将得到的数放入矩阵的左上角。

这样我们就得到了卷积矩阵中的一个元素。然后将原矩阵的选定区域平移，放到。

将当前选定的矩阵与卷积核矩阵对应元素相乘，得到 1，将其填入第 2 个格中。

以此类推，第二行第一个方格通过原矩阵第 2 到 4 行、第 1 到 3 列围成的区域与卷积核相乘得到。第三行第三个方格由原矩阵右下角的方阵与卷积核相乘所得。最终即可得到结果。

3. 卷积层

（1）Padding

Padding 指的是对输入矩阵的尺寸进行"扩展"，在矩阵外围增加一个"套环"（通常由 0 来填充）。比如，一个 $3*3$ 的矩阵通过 Padding 得到了一个 $5*5$ 的矩阵。Padding 的参数 p 是在进行一次卷积运算中可以控制的参数。通过设置参数 P，我们可以控制输出层想要得到的矩阵的尺寸。

（2）从二维到三维

我们知道，卷积神经网络在计算机视觉领域被广泛应用。在图像处理中，我们的输入数据不止停留在二维。二维像素点矩阵只能描述黑白图片，绝大多数图片为彩色，是由 3 个频道（通常为 R、G、B 三原色）的像素点方阵组成的，所以具有 3 个维度。

假设我们有一个 32＊32＊3 格式的图片,将这个图片与一个 5＊5 的卷积核进行卷积,将可以得到一个 28＊28 的矩阵。这里输入数据中的第三个维度,也就是频道数,在卷积过程中求和,所以输出数据的第三个维度为 1,而不是 3。

卷积层是卷积神经网络的重要组成部分。卷积层顾名思义是对(上一层的)输入数据进行卷积运算,将得到的结果传递给下一层。那么卷积层有什么作用呢?卷积运算的目的是提取输入的不同特征,第一层卷积层可能只能提取一些低级的特征,如边缘、线条和角等层级,更多层的网络能从低级特征中迭代提取更复杂的特征。卷积神经网络由多个上述这样结构的卷积层组成。除了卷积层之外,还包括池化(Pooling)层和全连接(Full Connection)层。

池化层实际上是一种形式的向下采样。有多种不同形式的非线性池化函数,而其中最大池化(Max Pooling)和平均采样是最为常见的。Pooling 层相当于把一张分辨率较高的图片转化为分辨率较低的图片。Pooling 层可进一步缩小最后全连接层中节点的个数,从而达到减少整个神经网络中参数的目的。全连接层使用与普通神经网络一样的连接方式,一般都在最后几层。

(四) 循环神经网络

1. 循环神经网络简介

卷积神经网络对于处理图像等问题取得了突破性进展,然而对于处理自然语言、语音等时间序列数据时,需要一个更合适的工具。例如,当预测句子的下一个单词时,一般需要用到前面的单词,因为一个句子中前后单词并不是独立的,而传统的神经网络很难把握这样的时间序列信息。循环神经网络(RNN,Recurrent Neural Network)之所以被称为循环的,是因为一个序列当前的输出与前面的输出也有关。具体的表现形式为网络会对前面的信息进行记忆并应用于当前输出的计算中,即隐藏层之间的节点不再是无连接的而是有连接的,并且隐藏层的输入不仅包括输入层的输出还包括上一时刻隐藏层的输出。理论上,能够对任何长度的序列数据进行处理。但在实践中,为了降低复杂性,往往假设当前的状态只与前面的几个状态相关。

由于循环神经网络的这个特点,它被广泛运用于文本、语音等时间序列的处理。

2. 循环神经网络结构

循环神经网络的独特结构巧妙地解决了以上的问题。事实上,循环神经网络的结构具有相当强的灵活性,通过对以上的基础结构进行修改,可以演化出各种各样的相关模型,例如,只对最后一个时刻进行输出,而不是每一时刻都输出一个向量;或者增加隐藏状态的反向连接,从而形成双向循环神经网络;

或者对输入输出的各个向量添加控制门,从而形成更复杂的单元(如 GRU 以及后面将介绍的 LSTM)等。循环神经网络的灵活性,使它能够应对各种任务需求。

二、人工神经网络与神经网络

人工神经网络(Artificial Neural Network,ANN)是在模拟人脑神经系统的基础上实现人工智能的途径,因此认识和理解人脑神经系统的结构和功能是实现人工神经网络的基础。而人脑现有研究成果表明人脑是由大量生物神经元经过广泛互连而形成的,基于此,人们首先模拟生物神经元形成人工神经元,进而将人工神经元连接在一起形成人工神经网络。因此这一研究途径也常被人工智能研究人员称为"连接主义"(connectionism)。又因为人工神经网络开始于对人脑结构的模拟,试图从结构上的模拟达到功能上的模拟,这与首先关注人类智能的功能性,进而通过计算机算法来实现的符号式人工智能正好相反,为了区分这两种相反的途径,我们将符号式人工智能称为"自上而下的实现方式",而将人工神经网络称为"自下而上的实现方式"。

人工神经网络中存在两个基本问题。第一个问题是人工神经网络的结构问题,即如何模拟人脑中的生物神经元以及生物神经元之间的互连方式?确定了人工神经元模型和人工神经元互连方式,就确定好了网络结构。第二个问题是在所确定的结构上如何实现功能的问题,这一般是甚至可以说必须是,通过对人工神经网络的学习来实现,因此主要是人工神经网络的学习问题,即:在网络结构确定以后,如何利用学习手段从训练数据中自动确定神经网络中神经元之间的连接权值。这是人工神经网络中的核心问题,其智能程度更多地反映在学习算法上,人工神经网络的发展也主要体现在学习算法的进步上。当然,学习算法与网络结构是紧密联系在一起的,网络结构在很大程度上影响着学习算法的确定。事实上,网络结构也可以通过学习手段来获得,但相比权值学习,网络结构的学习要复杂得多,因此相应工作并不多见。近年来,人们通过机器学习方式对复杂的深度网络结构进行剪枝以使其简单化的工作,体现了一定的结构学习特性。

人工神经网络是在神经细胞水平上对人脑的简化和模拟,其核心是人工神经元。人工神经元的形态来源于神经生理学中对生物神经元的研究。因此,在叙述人工神经元之前,首先介绍目前人们对生物神经元的构成及其工作机理的认识。

(一)人脑神经元的结构

生物神经系统是由神经细胞和胶质细胞所构成的系统。胶质细胞在数量上大大超过神经细胞,但一般认为胶质细胞在生物神经系统的机能上只起辅助作用,而将神经细胞作为构成生物神经系统的基本要素或基本单元,因此神经细胞又被称为神经元(neuron)。生物神经系统表现出来的兴奋、传导和整合等功能特征都是生物神经元的机能。

生物智能与生物神经系统的规模有着密切关系,即与生物神经系统中神经元的个数有关。一般而言,高等生物较之低等生物,其神经系统拥有更多的神经元。如海马的神经系统只有2000多个神经元,而人脑大约拥有10^{12}个神经元。

细胞体是生物神经元的主体,由细胞核、细胞质和细胞膜组成,直径大约$4\sim150\mu m$。细胞体的内部是细胞核,由蛋白质和核糖核酸构成。包围在细胞核周围的细胞浆就是细胞质,细胞膜则相当于细胞体的表层,生物神经元的细胞体越大,突起越多越长,细胞膜的面积就越大。

轴突是由细胞体向外延伸出的所有神经纤维中最长的一支,用来向外输出生物神经元所产生的神经信息。轴突末端有许多极为细小的分枝,称为神经末梢(突触末梢)。每一条神经末梢可与其他生物神经元的树突形成功能性接触,为非永久性的接触,接触部位称为突触。

树突是指由细胞体向外延伸的除轴突以外的其他所有分支。树突的长度一般较短,但数量很多,它是生物神经元的输入端,用于接受从其他生物神经元的突触传来的神经信息。

生物神经元中的细胞体相当于一个处理器,它对来自其他各个生物神经元的信号进行整合,在此基础上产生一个神经输出信号。由于细胞膜将细胞体内外分开,因此,在细胞体的内外具有不同的电位,通常是内部电位比外部电位低。细胞膜内外的电位之差称为膜电位。无信号输入时的膜电位称为静止膜电位。当一个神经元的所有输入总效应达到某个阈值电位时,该细胞变为活性细胞,其膜电位将自发地急剧升高产生一个电脉冲。这个电脉冲又会从细胞体出发沿轴突到达神经末梢,并经与其他神经元连接的突触,将这一电脉冲传给相应的生物神经元。

(二)人脑神经元的功能

生物神经元具有如下重要的功能与特性:

1. 时空整合功能

生物神经元对不同时间通过同一突触输入的神经冲动,具有时间整合功能。对于同一时间通过不同突触输入的神经冲动,具有空间整合功能。两种功能相互结合,使生物神经元对由突触传入的神经冲动具有时空整合的功能。

2. 兴奋与抑制状态

生物神经元具有兴奋和抑制两种常规的工作状态。当输入信息的时空整合结果使细胞膜电位升高,超过动作电位阈值时,细胞进入兴奋状态,产生神经冲动。相反,当输入信息的时空整合结果使细胞膜电位低于动作电位阈值时,细胞进入抑制状态,无神经冲动输出。兴奋和抑制是生物神经元活性的重要表现形式。

3. 脉冲与电位转换

突触处具有脉冲/电位信号转化功能。沿神经纤维传递的信号为离散的电脉冲信号,而细胞膜电位的变化为连续的电位信号。这种在突触接口处进行的"数/模"转换,是通过神经介质以量子化学方式实现的,其转换过程是:电脉冲→神经化学物质→膜电位。

4. 神经纤维传导速率

神经冲动沿轴突运动的速度受轴突直径、膜电导、膜电容因素的影响。由于髓磷脂(封装在髓鞘内的物质)可以降低膜电容和电导,因此神经冲动的传导速度,在有髓磷脂的轴突上可达到 100m/s 以上,而在无髓磷脂的轴突上则可低至每秒数米。

5. 突触延时和不应期

突触对相邻两次神经冲动的响应需要有一定的时间间隔,在这个时间间隔内不响应激励,也不传递神经冲动,这个时间间隔称为不应期。

生物神经元的上述结构与机能是人工神经元诞生的依据,确定了人工神经元的形态。

(三) 人工神经网络的分类

人工神经网络是多种多样的,视其所起的作用、训练方式、连接方式等可将其以不同的方式加以分类。

1. 按作用分类

按所起的作用可将人工神经网络分为分类、聚类、联想记忆等 3 种。

①分类用的人工神经网络。这类网络属于有监督学习的网络,可通过已知类别的样本数据训练网络,从而设计分类器。而对于未知类别的样本送入网络可实现分类预测,如感知器网络、BP 网络、RBF 网络等。

②聚类用的人工神经网络。这类网络属于无监督学习的神经网络。未知类别的训练样本通过相似性分析(实际是通过竞争学习),使网络实现样本的聚类分析或类别划分,未知类别的样本送入网络可实现归类预测,如汉明网、一般的竞争网络、Kohonon 自组织特征映射网络都属于这一类网络。这一类人工神经网络又称为数据分析的人工神经网络。

③用于联想记忆与求最优化问题的神经网络。当将网络看成一个动力学系统模型，网络运行趋于稳态时，可实现联想记忆。当将属于某一记忆样本或存在残差的样本送入网络时也可实现联想记忆（有时也称为异联想），如汉明网、Hopfield 神经网络都有联想记忆功能。而当进一步考虑动力学系统的某种能量函数时，由于系统稳定在能量极小的地方，因此，可利用该特性实现最优化问题求解，如 Hopfield 神经网络就可用于求解最优化问题。这一类人工神经网络也称为求最优化问题的人工神经网络。

当然，上述划分也不是绝对的，有些网络可能具有跨功能的特性，例如，汉明网既可看成是竞争网络，也可看成是联想记忆网络。

2. 按训练方式分类

训练也称为学习，实际上也就是用迭代的方式求解网络的一些参数，如权值和阈值或偏置等。按训练方式可将神经网络划分为有监督训练的神经网络和无监督训练的神经网络两类。

①有监督训练的神经网络。该类网络也称为有导师训练的神经网络，要求样本数据带有教师值，即希望输出，从而指导网络权值的调整训练。按 δ 学习律训练的网络属于有监督训练的神经网络，如感知器网络、线性网络以及 BP 网络等。

②无监督训练的神经网络。该类网络也称为无导师训练的神经网络。按 Hebb 学习律训练的网络和竞争网络都属于无监督学习的神经网络。Hopfield 神经网络按 Hebb 律设计神经元间的连接权值，以动力学模型让网络达到能量函数最小的平衡态，使系统实现记忆功能，并利用此性质实现优化问题求解。竞争学习的网络主要有汉明网络、用于向量量化分析的一般竞争网络、Kohonon 自组织特征映射网络等。该类网络也能实现模式记忆或自联想，实现向量量化分析。因此，该类人工神经网络也称为数据分析的人工神经网络。

三、遗传算法

（一）遗传的特点

标准遗传算法的特点如下：

①遗传算法必须通过适当的方法对问题的可行解进行编码。解空间中的可行解是个体的表现型，它在遗传算法的搜索空间中对应的编码形式是个体的基因型。

②遗传算法基于个体的适应度来进行概率选择操作。

③在遗传算法中，个体的重组使用交叉算子。交叉算子是遗传算法所强调的关键技术，它是遗传算法中产生新个体的主要方法，也是遗传算法区别于其

他进化算法的一个主要特点。

④在遗传算法中，变异操作使用随机变异技术。

⑤遗传算法擅长对离散空间的搜索，它较多地应用于组合优化问题。

遗传算法除了上述基本形式外，还有各种各样的其他变形，如溶入退火机制、结合已有的局部寻优技巧、并行进化机制、协同进化机制等。典型的算法如退火型遗传算法、Forking 遗传算法、自适应遗传算法、抽样型遗传算法、协作型遗传算法、混合遗传算法、实数编码遗传算法、动态参数编码遗传算法等。

（二）遗传算法的优点

经典的优化方法包括共轭梯度法、拟牛顿法、单纯形方法等。

经典优化算法的特点：算法往往是基于梯度的，靠梯度方向来提高个体性能；渐进收敛；单点搜索；局部最优。

遗传算法具有如下优点：

①遗传算法直接以目标函数值作为搜索信息。传统的优化算法往往不只需要目标函数值，还需要目标函数的导数等其他信息，这样对于许多目标函数无法求导或很难求导的函数，遗传算法就比较方便。

②遗传算法同时进行解空间的多点搜索。传统的优化算法往往从解空间的一个初始点开始搜索，这样容易陷入局部极值点。遗传算法进行群体搜索，并且在搜索的过程中引入遗传运算，使群体又可以不断进化，这些是遗传算法所特有的一种隐含并行性，因此，遗传算法更适合大规模复杂问题的优化。

③遗传算法使用概率搜索技术。遗传算法属于一种自适应概率搜索技术，其选择、交叉、变异等运算都是以一种概率的方式来进行的，从而增加了其搜索过程的灵活性。实践和理论都已证明，在一定条件下遗传算法总是以概率 1 收敛于问题的最优解。遗传算法在解空间进行高效启发式搜索，而非盲目地穷举或完全随机搜索。

（三）遗传算法的五个关键问题

通常情况下，用遗传算法求解问题需要解决以下五个问题：对问题的潜在解进行基因的表示，即编码问题。构建一组潜在的解决方案，即种群初始化问题。根据潜在解的适应性来评价解的好坏，即个体评价问题。改变后代基因组成的遗传算子（选择、交叉、变异等），即遗传算子问题。设置遗传算法使用的参数值（种群大小、应用遗传算子的概率等），即参数选择问题。

四、遗传算法的基础理论

遗传算法作为应用广泛且高效的随机全局搜索与自适应智能优化算法，从提出之日起，就建立了一些相关的基本理论。它是对生物进化机理的一种模拟，但是这种进化机理只说明了生物本身的进化现象，并没有逻辑必然性。人们从理论上试图对遗传算法进行解释，其中模式定理、积木块假设是其精髓所在，是遗传算法具有较强的鲁棒性、自适应性和全局优化性的理论依据。

模式定理被称为遗传算法的进化动力学基本定理。该定理基于特定的编码和基因操作准则，从数学分析的角度提供了遗传算法运行机理的解释，从而构成了遗传算法的理论基础。它反映了重要基因的发现过程。

积木块假设描述了遗传算法是如何找到全局最优解的，使遗传算法具备了找到全局最优解的能力。

（一）模式定理

引入"模式"的概念之后，对于二进制编码，遗传算法的实质可看作对基因模式的一种操作运算。遗传算法在进化的过程中，可以看作通过选择、交叉和变异算子，不断发现重要基因、寻找优秀模式的过程。选择算子对于模式的作用表现为适应值越高，被选择概率越大，优秀模式在种群中的个体采样数量不断增加，优秀基因被下一代继承。交叉运算，有可能使模式不变或破坏，也由于其破坏作用而生成了新的适应度值高的模式。而变异概率很小，破坏模式的可能也很小。以下分析选择、交叉和变异操作对模式生存数量的影响。

1. 选择对模式的影响

种群规模为 pop 的第 t 代种群用 $P(t)$ 表示，$P(t) = a_1(t), a_2(t), \cdots a_{pop}(t)$，一个特定的模式 H 在种群 $P(t)$ 中与其匹配的个体数（样本数）为 m，记为

$$m = m(H, t)$$

基本遗传算法是按比例进行的选择操作。在选择算子阶段，每个个体是根据本身适应度值 f 被选择的，即按照当前个体适应度值在整体中所占的概率 $p_i = f_i a_i / \sum_{i=1}^{n} f a_i$ 进行选择的。对于种群规模为 pop 的非重叠个体的种群，模式 H 在 $t+1$ 代的生存数量为

$$m(H, t+1) = m(H, t) \times pop \times \frac{f(H)}{\sum_{i=1}^{pop} f a_i}$$

式中，$f(H)$ 表示模式 H 与其匹配的所有样本的适应度平均值。令种群总的适应度平均值为 $\vec{f} = \sum_{i=1}^{pop} f a_i / pop$，则上式可表示为

$$m(H, t+1) = m(H, t) \times \frac{f(H)}{\bar{f}}$$

该式表明下一代种群中模式 H 的生存数量,与模式的适应度值成正比,与种群平均适应度值成反比。换句话来讲,种群中适应度值高于种群平均适应度值的模式将会更多地出现在下一代种群中;反之,对于低于种群平均适应度值的模式在下一代中将会减少,甚至消失。一个特定的模式是按照其平均适应度和种群的平均适应度之间的比例进行生长和衰减的。

假设模式 H 的适应度平均值一直高于种群适应度平均值,高出部分为 c,即可设 $f(H) - \bar{f} = c \times \bar{f}$,其中 c 为常数,则上式可以改写成

$$m(H, t+1) = m(H, t) = \frac{\bar{f} + c \times \bar{f}}{\bar{f}} m(H, t) \times (1+c)$$

种群从 $t=0$ 时刻开始,假设 c 保持不变,而 $m(H, t)$ 为等比级数,其通项公式为

$$m(H, t) = m(H, 0) \times (1+c)t$$

由上式可知:

若 $c > 0$,则 $m(H, t)$ 以指数规律的形式增加;

若 $c < 0$,则 $m(H, t)$ 以指数规律的形式降低。

以上分析表明,在选择运算的作用下,如果模式的适应度平均值高于种群的适应度平均值,则模式的生存数量会以指数级增长,否则会以指数级降低。显然,选择不会产生新的模式结构,不利于检测搜索空间的新领域,因而在改进性能方面是有限的,为此采取交叉和变异方式来解决。

2. 交叉对模式的影响

交叉操作是编码串之间既有组织又随机基因交换,它既可以创建新的模式,还能保证选择出的高模式个体能够生存。

以单点交叉为例,分析交叉过程中模式遭破坏或生存的概率。假设有一模式 H,该模式中与其匹配的样本个体与其他个体进行交叉操作时,根据交叉点位置的不同,该模式可能不破坏,可以在下一代种群中继续生存,也可能破坏了该模式。该模式的生存概率下界用 p_s 表示。交叉操作对模式的影响与其定义距 $\sigma(H)$ 有关。显然,当随机产生的交叉点在模式的定义距长度之内时,有可能破坏该模式,但是也不一定破坏该模式;当随机设置的交叉点在模式的定义长度之外时,肯定不会破坏该模式。即在交叉过程中,定义距小的模式比定义距大的模式更容易生存,因为交叉点更容易落在距离较远的两个确定位之间。若字符串长度为 L,模式 H 被破坏的概率 p_d 为

$$p_d = \frac{\sigma(H)}{L-1}$$

而生存概率 p_s 为

$$p_s = 1 - \frac{\sigma(H)}{L-1}$$

以概率 p_c 的交叉操作按照随机方式进行，模式 H 生存概率的下限可以计算如下：

$$p_s \geqslant 1 - p_c \times \frac{\delta(H)}{L-1}$$

上式描述了模式 H 在交叉操作下的生存概率。由于选择与交叉算子不相关，考虑选择和交叉操作下模式 H 的生存数量变化，可得到模式 H 的估计值：

$$m(H,t+1) \geqslant m(H,t) \times \frac{f(H)}{\bar{f}} \times p_s = m(H,t) \times \frac{f(H)}{\bar{f}} \times \left(1 - p_c \times \frac{\delta(H)}{L-1}\right)$$

在其他值固定的情况下，从上式可以看出，模式的增长与否，取决于模式的适应度 $f(H)$ 与种群平均适应度 $\bar{f}$ 的关系和模式定义距 $\delta(H)$ 的长短这两个因素：

①定义距越短，即 $\delta(H)$ 越小，则 $m(H, t)$ 越容易呈指数级增长率被遗传。②定义距越长，即 $\delta(H)$ 越大，则 $m(H, t)$ 越不容易呈指数级增长率被遗传。

（二）积木块假设

由模式定理可知，具有模式的阶数较低、短定义长度以及适应度平均值高于种群适应度平均值的模式在下一代中会呈指数规律增加。这类模式结构被称为积木块（building block）。这些"好"的模式，就像积木块一样，相互拼接，创造出适应度值更高的位串，进而发现更优秀的个体。积木块假设就说明了这一问题。

积木块假设：低阶、短距、适应度高的模式（积木块），经过遗传运算，可以相互结合，能生成阶数高、距离长、适应度值较高的模式，可最终得到优化问题的最优解。

模式定理保证遗传算法在运算过程中，较优模式的样本个体数呈指数级增长，满足了遗传算法寻找最优个体的必要条件，即找到全局最优解的可能。而积木块假设保证了遗传算法具备寻找全局最优解的能力，即积木块在遗传算子的作用下，能生成高阶、长距、高平均适应度的模式，最终生成全局最优解。

虽然没有完备的数学理论证明积木块假设——正因为如此才被称为假设，而非定理——但大量的实践应用证据支持这一假设，而且其在许多领域都取得了成功。尽管大量的证据并不等同于理论性的证明，但可以肯定，对大多数要解决的问题,二进制遗传算法都适用,大量实践也说明了它的有效性。

总的来说,模式定理说明了优秀的基因会呈指数级增加的原因,积木块假设说明了遗传算法为什么能够发现重要的基因。这两个理论是遗传算法的数学基础,也是遗传算法进化的动力学基础。因为这两个理论的存在,二进制遗传算法在很多实际应用的优化问题中得到了广泛的应用。

除此之外,智能信息处理技术还包含粗糙集方法、模糊计算技术、云模型理论等多个方面,这里暂不过多介绍。

第三节 分布式人工智能和 Agent 技术

一、分布式人工智能

分布式人工智能(Distributed Artificial Intelligence,DAI)的研究始于 20 世纪 70 年代末,主要研究在逻辑上或物理上分散的智能系统如何并行地、相互协作地实现问题求解。其特点是:

①系统中的数据、知识以及控制,不但在逻辑上而且在物理上分布的,既没有全局控制,也没有全局的数据存储。

②各个求解机构由计算机网络互连,在问题求解过程中,通信代价要比求解问题的代价低得多。

③系统中诸机构能够相互协作,来求解单个机构难以解决,甚至不能解决的任务。分布式人工智能的实现克服了原有专家系统、学习系统等弱点,极大提高知识系统的性能,可提高问题求解能力和效率,扩大应用范围、降低软件复杂性。

其目的是在某种程度上解决计算效率问题。它的缺点在于假设系统都具有自己的知识和目标,因而不能保证它们相互之间不发生冲突。

近年来,基于 Agent 的分布式智能系统已成功地应用于众多领域。

二、Agent 系统

Agent 提出始于 20 世纪 60 年代,又称为智能体、主体、代理等。受当时的硬件水平与计算机理论水平限制,Agent 的能力不强,几乎没有影响力。从 80 年代末开始,Agent 理论、技术研究从分布式人工智能领域中拓展开来,并与许多其他领域相互借鉴及融合,在许多领域得到了更为广泛的应用。M. Minsky 曾试图将社会与社会行为的概念引入计算机中,并把这样一些计算社会中的个体称为 Agent，这是一个大胆的假设，同时是一个伟大的、意义深远的思想突破，其主要思想是"人格化"的计算机抽象工具，并具有人所有的能力、特性、行为，甚至能够克服人的许多弱点等。90年代，随着计算机网络以及基于网络的分布计算的发展，对于 Agent 及多 Agent 系统的研究，已逐渐成为人工智能领域的一个新的研究热点，也成为分布式人工智能的重要研究方向。目前，对于 Agent 系统的研究正在蓬勃的发展可分为基于符号的智能体研究和基于行为主义的智能体研究。

（一）Agent 的基本概念及特性

研究者们给出了各种 Agent 的定义，简单地说，Agent 是一种实体，而且是一种具有智能的实体。

Agent 有两种不同的定义：一是弱定义；二是强定义。弱定义认为，Agent 是用来表示满足自治性、社交性、反应性和预动性等特性的，一个基于硬件、软件的计算机系统。

强定义认为，除了弱定义中提及的特性外，Agent 还具有某些人类的诸如知识、信念、意图、义务、情感等特性。

Agent 的主要特性如下：

①自治性。Agent 不完全由外界控制其执行，也不可以由外界调用，Agent 对自己的内部状态和动作有绝对的控制权，不允许外界的干涉。

②社会性。Agent 拥有其他 Agent 的信息和知识，并能够通过某种 Agent 通信语言与其他 Agent 进行信息交换。

③反应性。指 Agent 利用其事件感知器感知周围的物理环境、信息资源、各种事件的发生和变化，并能够调整自身的内部状态作出最优的适当的反应，使整个系统协调地工作。

④针对环境性。Agent 必须是"针对环境"的，在某个环境中存在的 Agent 换了一个环境有可能就不再是 Agent 了。

⑤理性。Agent 自身的目标是不冲突的，动作也是基于目标的，自己的动作不会阻止自己的目标实现。

⑥自主性。指 Agent 是在协同工作环境中独立自主的行为实体。Agent 能够根据自身内部的状态和外界环境中的各种事件来调节和控制自己的行为，使其能够与周围环境更加和谐地工作，从而提高工作效率。

⑦主动性。Agent 能主动感知周围环境的变化，并做出基于目标的行为。

⑧代理性。若当前内部状态和周围事件适合某种条件，Agent 就能代表用户有效地执行相应的任务，Agent 还能对一些使用频率较高的资源进行"封

装",引导用户对这些资源进行访问,成为用户通向这些资源的"中介"。此时,Agent 就充当了人类助手的角色。

⑨独立性。Agent 可以看成是一个"逻辑单位"的行为实体,成为协同系统中界限明确,能够被独立调用的计算实体。

⑩认知性。Agent 能够根据当前状态信息、知识库等进行推理、决策、评价、指南、改善协商、辅助教学等,以保证整个系统以一种有目的与和谐的方式行动。

⑪交互性。对环境的感知,并通过行为改变环境,并能以类似人类的工作方式和人进行交互。

⑫协作性。通过协作提高多 Agent 系统的性能。聚焦于待求解问题最相关的信息等手段合作最终来共同实现目标。

⑬智能性。Agent 根据内部状态,针对外部环境,通过感知器和执行器执行感知·推理·动作循环,这可通过人工智能程序设计或机器学习两种方式获得。

⑭继承性。沿用了面向对象中的概念对 Agent 进行分类,子 Agent 可以继承其父 Agent 的信念事实,属性等。

⑮移动性。Agent 能根据事务完成的需要相应地移动物理位置。

⑯理智性。Agent 能信守承诺,总是尽力实现自己的目标,为实现目标而主动采取行动。

⑰自适应性。Agent 能够根据以前的经验校正其行为。

⑱忠诚性。Agent 的通信从不会故意提供错误信息、假信息。

⑲友好性。Agent 之间不存在互相冲突的目标,总是尽力帮助其他 Agent。根据以上的讨论,可以给出一个 Agent 的简单定义:Agent 是分布式人工智能中的术语,它是异质协同计算环境中能够持续完成自治、面向目标的软件实体。Agent 最基本的特性是反应性、自治性、面向目标性和针对环境性,在具有这些性质的基础上再拥有其他特性,以满足研究者们的不同需求。

(二)Agent 的分类及能力

1. Agent 的分类

对 Agent 的分类需要从多方面考虑。

首先,从建造 Agent 的角度出发,单个 Agent 的结构通常分为思考型 Agent、反应型 Agent 和混合型 Agent。

思考型 Agent 的最大特点就是将 Agent 视为一种意识系统,即通过符号 AI 的方法来实现 Agent 的表示和推理。人们设计的基于 Agent 系统的目的之一是把它们作为人类个体和社会行为的智能代理,那么 Agent 就应该(或必须）能模拟或表现出被代理者具有的所谓意识态度，如信念、愿望、意图（包括联合意图）、目标、承诺、责任等。

符号 AI 的特点和种种限制给思考型 Agent 带来了很多尚未解决甚至根本无法解决的问题，这就导致了反应型 Agent 的出现。反应型 Agent 的支持者认为，Agent 不需要知识、不需要表示、不需要推理、可以进化，它的行为只能在世界与周围环境的交互作用中表现出来，它的智能取决于感知和行动，从而提出了 Agent 智能行为的"感知－动作"模型。

从反应型 Agent 能及时而快速地响应外来信息和环境的变化，但智能低，缺乏灵活性；思考型 Agent 具有较高的智能，但对信息和环境的响应较慢，而且执行效率低，混合型 Agent 综合了两者的优点，已成为当前的研究热点。

根据问题求解能力还可以将 Agent 分为反应 Agent、意图 Agent、社会 Agent。根据 Agent 的特性和功能可分为合作 Agent 界面 Agent 移动 Agent 信息/Internet Agent、反应 Agent、灵巧 Agent、混合 Agent 等：

根据 Agent 的应用可将 Agent 分为软件 Agent、智能 Agent，移动 Agent 等。

2. Agent 的能力

随着技术的成熟，待解决的问题越来越复杂。在许多应用中，要求计算机系统必须具有决策能力，能作出判断。到目前为止，AI 研究人员已建立理论、技术和系统以研究和理解单 Agent 的行为和推理特性。如果问题特别庞杂或不可预测，那么能合理地解决该问题的唯一途径是建立多个具有专门功能的模块组件（即 Agents），各自解决某一种特定问题。如果有互相依赖的问题出现，系统中的 Agent 就必须合作以保证能有效控制互相依赖性。

具体来说 Agent 的能力有：社交能力、学习能力、决策能力、预测能力。此外，Agent 还有表达知识的能力和达到目标、完成计划的能力等。

3. Agent 研究的基本问题

（1）Agent 理论

Agent 的理论研究可追溯到 20 世纪 60 年代，当时的研究侧重于讨论作为信息载体的 Agent 在描述信息和知识方面所具有的特性。直到 80 年代后期，由于 Agent 技术的广泛使用以及在实际应用中面临的种种问题，Agent 的理论研究才得到人们重视，前些年提出的关于思维状态的推理和关于行动的推理等研究是关于 Agent 研究的重要起点。Agent 理论研究要解决三方面的问题：A. 什么是 Agent；B. Agent 有哪些特性；C. 如何采用形式化的方法描述和研究这些特性。Agent 理论的研究旨在澄清 Agent 的概念，分析、描述和验证 Agent 的有关特性，从而来指导 Agent 体系结构和 Agent 语言的设计和研究，促进复杂软件系统的开发。

Agent 的特性中含有信念、愿望、目的等意识化的概念，这是经典的逻辑框架无法表示的，于是研究人员提出了新的形式化系统，以期从语义和语法两方面进行改进。语义方面主要是可能世界状态集和状态之间的可达关系，并把世界语义和一致性理论结合为有力的研究工具。在可能世界语义中，一个 Agent 的信念、知识、目标等都被描绘成一系列可能世界语义，它们之间有某种可达关系。可能世界语义可以和一致性理论相结合，使之成为一种引人注目的数学工具，但是，它也有许多相关的困难。

（2）Agent 体系结构

在计算机科学中，体系结构指功能系统中不同层次结构的抽象描述，它和系统不同的实现层次相对应。Agent 的体系结构也主要描述 Agent 从抽象规范到具体实现的过程。这方面的工作包括如何构造计算机系统以满足 Agent 理论家所提出的各种特性，什么软硬件结构比较合适（如何合理划分 Agent 的目标）等。Agent 的体系结构一般分为两种：主动式体系结构和反应式体系结构。

（3）Agent 的语言

Agent 语言的研究涉及如何设计出遵循 Agent 理论中各种基本原则的程序语言，包括如何实现语言、Agent 语言的基本单元、如何有效地编译和执行语言程序等。至少 Agent 语言应当包含与 Agent 相关的结构。Agent 语言还应当包含一些较强的 Agent 特性，如信念、目标能力等。Agent 的行为（包括通知、请求提供服务、接受服务、拒绝、竞争、合作等）借鉴了言语行为（Speech Act）理论的部分概念，可以表达出同一行为在不同环境下的不同效果。

KQML（Knowledge Query Manipulation Language）是目前被广泛承认和使用的 Agent 通信语言和协议，它是基于语言行为理论的消息格式和消息管理协议。KQML 的每则消息分为内容、消息和通信三部分。它对内容部分所使用的语言没有特别限定。Agent 在消息部分规定消息意图、所使用的内容语言和本体论。通信部分设置低层通信参数，如消息收发者标识符、消息标识符等。

三、多 Agent 系统

（一）多 Agent 系统的基本概念及特性

多 Agent 系统（Muli-Agent System，MAS）是指一些智能 Agent 通过协作完成某些任务或达到某些目标的计算系统，它协调一组自治 Agent 的智能行为，在 Agent 理论的基础上重点研究多个 Agent 的联合求解问题，协调各 Agent 的知识、目标、策略和规划，即 Agent 互操作性，内容包括 MAS 的结构、如何用 Agent 进行程序设计（AOP），以及 Agent 间的协商和协作等问题。

分布式人工智能的产生和发展为 MAS 提供了技术基础。到了 20 世纪 80 年代中期，DAI 的研究重点逐渐转到 MAS 的研究上了。Actors 模型是多 Agent 问题求解的最初模型之一，接着是 Davis 和 Smith 提出的合同网协议。

MAS 的特点主要包括：

①每个 Agent 拥有求解问题的不完全的信息或能力，即每个 Agent 的信息和能力是有限的；

②没有全局系统控制；

③数据的分散性；

④计算的异步性；

⑤开放性（任务的开放性、系统的开放性、问题求解的开放性）；

⑥分布性；

⑦动态适应性。

除了具有 Agent 系统的个体 Agent 的基本特点外，还有以下特点：

①社会性：Agent 可能处于由多个 Agent 构成的社会环境中，Agent 拥有其他 Agent 的信息和知识，并能通过某种 Agent 通信语言与其他 Agent 实施灵活多样的交互和通信，实现与其他 Agent 的合作、协同、协商、竞争等，以完成自身的问题求解或者帮助其他 Agent 完成相关的活动。

②自治性：在 MAS 中一个 Agent 发出服务请求后，其他 Agent 只有在同时具备提供此服务的能力与兴趣时，才能接受动作委托。因此，一个 Agent 不能强制另一个 Agent 提供某项服务。

③协作性：在 MAS 中，具有不同目标的各个 Agent 必须相互工作、协同、协商未完成问题的求解，通常的协作有资源共享协作、生产者/消费者关系协作、任务/子任务关系协作等。

（二）多 Agent 系统的研究内容

1. 多 Agent 系统理论

MAS 的研究是以单 Agent 理论研究为基础的。除单 Agent 理论研究所涉及的内容以外，还包括一些和 MAS 有关的基本规范，主要有如下几点：MAS 的定义；MAS 心智状态，包括与交互有关的心智状态的选择与描述；MAS 应具有哪些特性；这些特性之间具有什么关系；在形式上应如何描述这些特性及其关系；如何描述 MAS 中 Agent 之间的交互和推理；等等。多 Agent 联合意图。对于 MAS，除了考虑关于单个 Agent 的意识态度的表示和形式化处理等问题，还要考虑多个 Agent 意识态度之间的交互问题，这是 MAS 理论研究的重要部分之一。

2. 多 Agent 系统体系结构

体系结构的选择影响异步性、一致性、自主性和自适应性的程度及有多少协作智能存在于单 Agent 自身内部。它决定信息的存储和共享方式，同时也决定体系之间的通信方式。Agent 系统中有如下几种常见体系结构：

①Agent 网络。在这种体系结构中，不管是远距离的还是近距离的 Agent 之间都是直接通信的。

②Agent 联盟。联盟不同于 Agent 网络，若干相距较近的 Agent 通过一个称为协助者的 Agent 来进行交互，而远程 Agent 之间的交互和消息发送是由各局部群体的协助者 Agent 协作完成的。

③黑板结构。这种结构和联盟系统有相似之处，不同的地方在于黑板结构中的局部 Agent 群共享数据存储—黑板，即 Agent 把信息放在可存取的黑板上，实现局部数据共享。

3. 多 Agent 系统协商

MAS 中每个 Agent 都具有自主性，在问题求解过程中按照自己的目标、知识和能力进行活动，常常会出现矛盾和冲突。MAS 中解决冲突的主要方法是协商。协商是利用相关的结构化信息的交换，形成公共观点和规划的一致，即一个自治 Agent 协调它的世界观点、自己及相互动作来达到它目的的过程。

MAS 的协商主要包括：协商协议、协商目标、Agent 的决策模型。

第三章　计算机系统

第一节　计算机硬件系统

一、计算机硬件系统

（一）冯—诺伊曼体系结构

20世纪30年代中期，美国科学家冯·诺依曼大胆地提出：抛弃十进制，采用二进制作为数字计算机的数制基础。同时，他还说预先编制计算程序，然后由计算机来按照人们事前制定的计算顺序来执行数值计算工作。

冯·诺依曼结构也称普林斯顿结构，是一种将程序指令存储器和数据存储器合并在一起的存储器结构。程序指令存储地址和数据存储地址指向同一个存储器的不同物理位置，因此程序指令和数据的宽度相同，如英特尔公司的8086中央处理器的程序指令和数据都是16位宽。人们把利用这种概念和原理设计的电子计算机系统统称为"冯·诺依曼型结构"计算机。冯·诺依曼结构的处理器使用同一个存储器，经由同一个总线传输。

冯·诺依曼设计思想可以简要地概括为以下三点：

计算机应包括运算器、存储器、控制器、输入和输出设备五大基本部件。

计算机内部应采用二进制来表示指令和数据。每条指令一般具有一个操作码和一个地址码。其中操作码表示运算性质，地址码指出操作数在存储器中的地址。

将编写好的程序送入内存储器中，按顺序存取，计算机无须操作人员干预，自动逐条取出指令和执行指令。

冯·诺依曼结构计算机由五大部分构成。

1. 运算器

运算器（Arithmetic Unit）是计算机中执行各种算术和逻辑运算操作的部件。运算器由算术逻辑单元（ALU）、累加器、状态寄存器、通用寄存器组等组成。算术逻辑运算单元的基本功能为加、减、乘、除四则运算，与、或、非、异或等逻辑操作，以及移位、求补等操作。计算机运行时，运算器的操作和操作种类由控制器决定。运算器处理的数据来自存储器；处理后的结果数据通常送回存储器，或暂时寄存在运算器中。与控制器共同组成了CPU的核心部分。

2. 控制器

控制器（Control Unit）是整个计算机系统的控制中心，它指挥计算机各部分协调地工作，保证计算机按照预先规定的目标和步骤有条不紊地进行操作及处理。控制器从存储器中逐条取出指令，分析每条指令规定的是什么操作以及所需数据的存放位置等，然后根据分析的结果向计算机其他部分发出控制信号，根据指令要求完成相应操作，产生一系列控制命令，使计算机各部分自动、连续并协调动作，成为一个有机的整体，实现程序的输入、数据的输入以及运算并输出结果。因此，计算机自动工作的过程，实际上是自动执行程序的过程，而程序中的每条指令都是由控制器来分析执行的，它是计算机实现"程序控制"的主要部件。

控制器的实现方法有两种，即组合逻辑方法和微程序控制方法。组合逻辑方法的特点是以集成电路来产生指令执行的微操作信号。具有程序执行的速度快、控制单元的体积小等优点。近年来随着集成电路技术的迅速发展，组合逻辑方法得到了广泛的应用。微程序控制方法相对于组合逻辑方法来说设计过程比较复杂，但并不像设计组合逻辑控制电路那么烦琐、不规则，而是有一定规律可循，修改起来也方便。尤其是可编程只读存储器的应用，为微程序控制器的设计提供了更大的灵活性和适用性，进而使微程序设计技术的应用越来越广泛。目前已在中、小型和微型计算机中得到广泛应用，只是在一些巨型、大型计算机中，由于速度的限制不宜采用微程序控制技术。

3. 存储器

人们经常把存储器叫作主存储器或者内存，与之相对应的是外存。内存在一台计算机中的地位十分重要，它的容量大小是不同的，一般配置较高的计算机，它所对应的内存储器容量也是比较大的，而配置低的计算机，它所对应的内存储器容量则比较小。计算机的内存储器容量直接影响着它的运行速度、性能。

内存是计算机记忆或暂存数据的部件。计算机中的全部信息，包括原始的输入数据、经过初步加工的中间数据以及最后处理完成的有用信息都存放在内存中。另外，当用户想执行保存在外存上的某个程序时，需要先将程序调入内存中才能被CPU执行。

内存一般由半导体材料构成，其最突出的特点是可直接与 CPU 交换数据，存取速度较快，但是容量小、价格贵。内存可分为只读存储器 ROM 和随机读/写存储器 RAM。一般情况下，内存都是指由 RAM 芯片构成的存储器。

4. 输入设备

输入设备是用户和计算机系统之间进行信息交换的介质之一。键盘、鼠标、摄像头、扫描仪、光笔、手写输入板、游戏杆、语音输入装置等都属于输入设备。输入设备（Input Device）是人或外部与计算机进行交互的一种装置，用于把原始数据和处理这些数的程序输入计算机中。计算机能够接收各种各样的数据，既可以是数值型的数据，也可以是各种非数值型的数据，如图形、图像、声音等都可以通过不同类型的输入设备输入计算机中，进行存储、处理和输出。

5. 输出设备

输出设备（Output Device）是计算机硬件系统的终端设备，用于接收计算机数据的输出显示、打印、声音、控制外围设备操作等。也是把各种计算结果数据或信息以数字、字符、图像、声音等形式表现出来。常见的输出设备有显示器、打印机、绘图仪、影像输出系统、语音输出系统、磁记录设备等。

（二）计算机的工作过程

冯·诺依曼提出了存储程序原理，奠定了计算机的基本结构和工作原理的技术基础。存储程序原理的主要思想是：将程序和数据存放到计算机内部的存储器中，计算机在程序的控制下一步一步进行处理，直到得出结果。

计算机的工作过程实际上就是快速地执行指令的过程。指令执行是由计算机硬件来实现的，指令执行时，必须先装入计算机内存；CPU 负责从内存中逐条取出指令，并对指令分析译码，判断该条指令要完成的操作；向各部件发出完成操作的控制信号，从而完成了一条指令的执行。当执行完一条指令后再处理下一条指令，CPU 就是这样周而复始地工作，直到程序的完成。

在计算机执行指令过程中有两种信息在流动：数据流和控制流。数据流是指原始数据、中间结果、结果数据和源程序等，这些信息从存储器读入运算器进行运算，所得的计算结果再存入存储器或传送到输出设备。控制流是由控制器对指令进行分析、解释后向各部件发出的控制命令，指挥各部件协调地工作。

二、计算机组成

（一）中央处理器（CPU）

CPU 包括运算器部件以及与之相连的寄存器部件和控制器部件。CPU 通过系统总线从存储器或高速缓冲存储器中取出指令，放入 CPU 内部的指令寄存器，并对指令译码。它把指令分解成一系列的微操作，然后发出各种控制命令，执行微操作系列，从而完成一条指令的执行。

CPU 的性能是计算机系统性能的重要标志之一，CPU 的主要性能指标有：

1. 主频/外频

主频是在单位时间内所产生的脉冲个数，也就是 CPU 所需要的晶振频率。主频越高，执行一条指令的时间就越短，因而运算速度就越快。外频是系统总线的工作频率，常见的有 100MHz、133MHz、166MHz、200MHz 等几种。倍频是 CPU 主频相对于外频的倍数（理论上倍频系数是从 1.5 一直到无限的，但需要注意的是，倍频是以 0.5 为一个间隔单位）。

原先并没有倍频概念，CPU 的主频和系统总线的速度是一样的，但 CPU 的速度越来越快，倍频技术也就应运而生。它可使系统总线工作在相对较低的频率上，而 CPU 速度可以通过倍频来无限提升。那么 CPU 主频的计算方式变为：主频＝外频×倍频。也就是倍频是指 CPU 和系统总线之间相差的倍数，当外频不变时，提高倍频，CPU 主频也就提高了。

例如，如果系统外频是 200MHz，设置 CPU 倍频参数为 15，那么该 CPU 的主频即为 200MHz×15＝3000MHz。

2. 数据总线宽度

数据总线的宽度也称字长，字长是指 CPU 可以同时传输的数据的位数，负责整个系统的数据流量大小，一般为 8～64 位，它反映了 CPU 能处理的数据宽度、精度和速度。我们平时所说的 32 位计算机就是指数据总线的宽度是 32 位。目前，市场上流行的是 32 位 CPU 和 64 位 CPU，但 64 位 CPU 的应用问题还没有彻底解决。

3. 地址总线宽度

地址总线宽度决定了 CPU 可以直接访问的内存物理地址空间，32 位地址总线可直接寻址 4GB（2^{32}＝4G）。

4. 工作电压

工作电压指 CPU 正常工作所需的电压，一般是 5V 或 3.3V。随着芯片制造技术的进步，可以通过降低工作电压来减少 CPU 运行时消耗的功率，以解决 CPU 过热的问题。现在的 CPU 核心工作电压一般在 1.3V 以下。

5. 高速缓存 Cache

现在的 CPU 内部一般都包含有 CPU 内部 Cache，也称一级 Cache，Cache 是可以进行快速存取数据的存储器，它使得数据可以更快地和 CPU 进行交换。

6. 运算速度

运算速度指 CPU 每秒钟能处理的指令数，单位是 MIPS（百万条指令/秒）。

（二）主板

通常，微型计算机硬件的设备除了键盘、鼠标和显示器外，其余部分都放于主机箱内。机箱的核心部件有 CPU、主板、内存条、Cache、显示适配卡、硬盘、软驱、声音适配卡、网络适配卡等，这些部件有的直接制作在主板上，有的通过扩展卡的形式插入相应的扩展槽中。我们把计算机系统必需的硬件设备称为计算机的最小配置。计算机最小配置应该是除了 CPU、内存、主板等以外，在外设方面还必须具备标准的输入设备和输出设备，默认的标准输入设备是键盘，标准输出设备是显示器。

打开主机箱后，可以看到位于机箱底部的一块大型印制电路板，称为主板（Mainboard，又称系统板或母板），是计算机中各种设备的连接载体。它提供了 CPU、各种接口卡、内存条和硬盘、软驱、光驱的插槽，其他的外部设备也会通过主板上的 I/O 接口连接到计算机上。

主板上通常有 CMOS、基本输入输出系统（BIOS）、芯片组、高速缓冲存储器、微处理器插槽、内存储器（ROM、RAM）插槽、硬盘驱动器接口、输入输出控制电路、总线扩展插槽（ISA、PCI 等扩展槽）、串行接口（COM1、COM2）、并行接口（打印机接口 LPT1）、软盘驱动器接口、面板控制开关和与指示灯相连的接插件、键盘接口、USB 接口等。

主板上有一些插槽（或 I/O 通道），不同的 PC 所含的扩展槽个数不同。扩展槽可以插入某个标准插件，如显示适配器、声卡、网卡和视频解压卡等。主板上的总线并行地与扩展槽相连，数据、地址和控制信号由主板通过扩展槽送到插件板，再传送到与 PC 机相连的外部设备上。

主板上的 BIOS 芯片是一块特殊的 ROM 芯片，其中保存的最重要程序之一是基本输入/输出程序，通常称为 BIOS 程序，另外还有 CMOS 参数设置程序、POST（加电自检程序）等。BIOS 在开机之后最先执行，它首先检测系统硬件有无故障，给出最低级的引导程序，然后调用操作系统。

当打开微型计算机的电源时，系统将调用 BIOS 中的 POST（加电自检程序）进行其所有内部设备的自检过程，完成对 CPU、基本的 640 KB RAM、扩展内存、ROM、显示控制器、并口和串口系统、软盘和硬盘子系统及键盘的测试。当自检测试完成并确保硬件无故障后，系统将从软盘或硬盘中寻找操作系统，并加载操作系统。正常情况下，这个启动过程是微机自动完成的，只需用户按下微机电源开关即可。

(三) 内存储器

内存储器简称内存,它是计算机的记忆中心,用来存放当前计算机运行的程序和数据。内存是由内存芯片、电路板、金手指等部分组成的。内存主要有以下一些类型。

1. 只读存储器

只读存储器(Read Only Memory,ROM)的特点是:存储的信息只能读出,不能随机改写或存入,断电后信息不会丢失,可靠性高。

ROM主要用于存放固定不变的、控制计算机的系统程序和参数表,也用于存放常驻内存的监控程序或者操作系统的常驻内存部分,有时还用来存放字库或某些语言的编译程序及解释程序。

根据其中数据的写入方法,可把ROM分为以下五类:

①掩膜ROM(Mask ROM)。这种ROM中的信息是在芯片制造时由生产厂家写入的,ROM中的内容不能被更改。这种ROM一般用于大批量生产的产品。

②可编程ROM(Programmable ROM),简写为PROM。PROM出厂时里面没有写入信息,允许用户用相关的写入设备将编好的程序固化在PROM中。和掩膜ROM一样,PROM中的内容一旦写入,就再也不能更改了。如果一次写入失败,此PROM也不能再用了。

③可擦除PROM(Erasable PROM),简写为EPROM。它是由用户编程进行固化并可擦除的ROM。EPROM一般要用紫外线照射,才能擦除原来的内容,然后用专用设备写入新内容,并且可多次写入。

④电可擦EPROM(Electrically EPROM),简称EEPROM。它是另一种可擦除的PROM,它的性能与EPROM相同,只是在擦除和改写上更加方便。EEPROM是用电来擦除原来的内容,用户可用微机擦除和写入新的内容。

⑤快擦写ROM(Flash ROM),也称闪速ROM或Flash。它既有EEPROM写入方便的优点,又有EPROM的高集成性,是一种很有发展前景而且应用非常广泛的非易失性存储器。常见的U盘、MP3等产品中都采用了这种存储器。

2. 随机存取存储器

随机存取存储器(Random Access Memory,RAM)是可读、可写的存储器,故又称读写存储器。其特点是可以读写,通电过程中存储器内的内容可以保持,断电后,存储的内容立即消失。因为RAM所保存的信息在断电后就会丢失,所以又被称为易失性内存。

RAM可分为动态RAM(Dynamic RAM,DRAM)和静态RAM(Static

RAM，SRAM）两大类。

①SRAM是用双稳态触发器存放一位二进制信息，只要有电源正常供电，信息就可长时间稳定地保存。SRAM的优点是存取速度快，不需对所存信息进行刷新；缺点是基本存储电路中包含的管子数目较多、集成度较低、功耗较大。SRAM通常用于微型计算机的高速缓存。

②DRAM是用电容上所充的电荷表示一位二进制信息。因为电容上的电荷会随时间不断释放，因此对DRAM必须不断进行读出和写入，以便释放的电荷得到补充，这就是对所存信息进行刷新。DRAM的优点是所用元件少、功耗低、集成度高、价格便宜，其缺点是存取速度较慢并要有刷新电路。现在的微型计算机中采用的大都是DRAM作为内存。

微机中常见的内存有以下两种：

SDRAM（Synchronous Dynamic RAM），也称"同步动态内存"。它的工作原理是将RAM与CPU以相同的时钟频率进行控制，使RAM和CPU的外频同步，彻底取消等待时间。

DDR（Double Data Rate）即双数据率DRAM，理论上是SDRAM速度的两倍，而实际只能提高20%～25%。目前市场已推出了DDR2、DDR3等多个系列的产品，在微机应用中已完全取代了SDRAM内存。图2-12给出了SDRAM内存条与DDR内存条的外观比较。

在微型计算机发展日新月异的今天，各种新科技、新工艺不断地被用到微电子领域中，为了能让微机发挥出最大的效能，内存作为微机硬件的必要组成部分之一，它的容量与性能已成为决定微机整体性能的一个因素之一。因此为了提高微机的整体性能，有必要为其配备足够的大容量、高速度的内存。

3. 高速缓存

内存速度虽然在不断提升，但远远跟不上CPU速度的提升。由于CPU的速度比内存的速度要快得多，所以在存取数据时会使CPU大部分时间处于等待状态，影响计算机的速度。如果不解决这个问题，CPU再快也是没有用的，因为这时系统的瓶颈出现在内存速度上。由于SRAM的存取速度比DRAM快，基本与CPU速度相当，因而它常被用作计算机的高速缓冲存储器（也称Cache）。

Cache是一种高速缓冲存储器，是为了解决CPU与主存之间速度不匹配而采用的一种重要技术。其中片内Cache集成在CPU芯片中，片外Cache安插在主板上。在32位微处理器和微型计算机中，为了加快运算速度，在CPU与主存储器之间增设了一级或两级高速小容量存储器，称之为高速缓冲存储器。高速缓冲存储器的存取速度比主存要快一个数量级，大体与CPU的处理速度相当。

缓存的工作原理是当 CPU 要读取一个数据时，首先从缓存中查找，如果找到了就立即读取并送给 CPU；如果没找到，就用相对慢的速度从内存中读取并送给 CPU，同时把这个数据所在的数据块调入缓存中，可以使得以后对整块数据的读取都从缓存中进行，不必再读取内存。正是这样的读取机制使 CPU 读取缓存的命中率非常高。一般来说，CPU 对高速缓存器命中率可在 90% 以上，甚至高达 99%。

有了高速缓存，大大节省了 CPU 直接读取内存的时间，也就缩短了 CPU 的等待时间。一般来说，256K 的高速缓存能使整机速度平均提高 10% 左右。

4. 多级缓存

最早的 CPU 缓存是个整体的，而且容量很低，Intel 公司从 Pentium 时代开始把缓存进行了分类。当时集成在 CPU 内核中的缓存已不足以满足 CPU 的需求，而制造工艺上的限制又不能大幅度提高缓存的容量。因此出现了集成在与 CPU 同一块电路板上或主板上的缓存，此时就把 CPU 内核集成的缓存称为一级缓存，而外部的缓存称为二级缓存。随着 CPU 制造工艺的提高，现在二级缓存也被集成到 CPU 芯片中。

二级缓存是 CPU 性能表现的关键之一，在 CPU 核芯不变化的情况下，增加二级缓存容量能使性能大幅度提高。而同一核芯的 CPU 高低端之分往往也是在二级缓存上有差异，由此可见二级缓存对于 CPU 的重要性。目前新型 CPU 已经有了三级缓存。

（四）硬盘驱动器

硬盘存储器是微机最重要的外部存储器，常用于安装微机运行所需的系统软件和应用软件，以及存储大量数据。硬盘由一个盘片组和硬盘驱动器组成，被固定在一个密封的金属盒内。与软盘不同，硬盘存储器通常与磁盘驱动器封装在一起，不能移动，因此称为硬盘。由于一个硬盘往往有几个读写磁头，因此在使用的过程应注意防止剧烈震动。

1. 硬盘存储格式

硬盘是由多个涂有磁性物质的金属圆盘盘片组成的存储器，每个盘片的基本结构与软盘类似。盘片的每一面都有一个读写磁头，在对硬盘进行格式化时，将对盘片划分磁道和扇区，而多个盘片的同一磁道构成柱面，柱面数与每个盘面上的磁道数相同，磁盘是从外向内依次编号，最外一个同心圆叫 0 磁道，所以柱面也从外向内依次编号，最外一个柱面是 0 柱面。对于大容量的硬盘还将多个扇区组织起来成为一个块——"簇"，簇成为磁盘读写的基本单位。有的簇是一个扇区，有的有好几个扇区，可以在格式化的参数中给定。

2. 硬盘接口

硬盘接口是硬盘与主机间的连接部件,不同的硬盘接口决定着硬盘与计算机之间的连接速度。在整个系统中,硬盘接口影响着程序运行快慢和系统性能好坏。从整体的角度上,硬盘接口分为 IDE、SATA、SCSI 和光纤通道四种,IDE 接口硬盘多用于家用产品中,也部分应用于服务器,SCSI 接口的硬盘则主要应用于服务器市场,而光纤通道只在高端服务器上,价格昂贵。SATA 接口已成为微机硬盘的主流。

(1) IDE 接口

IDE (Integrated Device Electronics),即集成设备电子部件。IDE 接口是一种硬盘接口规范,也叫 ATA (Advanced Technology Attachment,高级技术附件) 接口。由于 IDE 接口是并行接口,故也称为并行 ATA 接口(即 PATA 接口),可连接硬盘、光驱等 IDE 设备。

IDE 采用了 40 线的单组电缆连接,在系统主板上留有专门的 IDE 连接器插口。

IDE 设备的背面一般包括电源插座、主从跳线区和数据线接口插座。

IDE 数据线一般有三个 IDE 接口插头,其中一个接主板的 IDE 接口,另两个可以接两个 IDE 设备。

IDE 由于具有多种优点,且成本低廉,在个人微机系统中曾得到广泛的应用,现在已经被 SATA 接口取代。

(2) SATA 接口

SATA 是 Serial ATA 的缩写,即串行 ATA 接口。这是一种新型硬盘接口类型,由于采用串行方式传输数据而得名。该接口具有结构简单、高可靠性、数据传输率高、支持热插拔的优点。目前 SATA 接口的硬盘已成为主流,其他采用 SATA 接口的设备如 SATA 光驱也已经出现。

(3) SCSI 接口

SCSI 的原文是 Small Computer System Interface,即小型计算机系统接口。SCSI 也是系统级接口,可与各种采用 SCSI 接口标准的外部设备相连,如硬盘驱动器、扫描仪、光驱、打印机和磁带驱动器等。采用 SCSI 标准的这些外设本身必须配有相应的外设控制器。SCSI 接口主要是在小型机上使用,在 PC 机中也有少量使用。最新一代的 SCSI 接口为串行 SCSI 接口(Serial Attached SCSI,简称 SAS 接口),该接口采用串行技术以获得更高的传输速度,并通过缩短连接线改善内部空间。

(4) 光纤通道

光纤通道具有热插拔、高速带宽、远程连接、连接设备数量大等优点,但价格昂贵，因此光纤通道只用于高端服务器中。

第二节 计算机软件系统

随着计算机技术的飞速发展，计算机系统的软件和硬件也越来越丰富。为了提高软硬件资源的利用率，增强系统的处理能力，所有的计算机系统都毫不例外地配置一种或者多种操作系统。如果让用户去使用一台没有操作系统的计算机，那将是不可想象的事情。

一、软件定义

20世纪80年代，IEEE对"软件"的明确定义为：计算机程序、方法和规则相关的文档以及在计算机上运行时所必需的数据。

"软件"是计算机的灵魂，计算机的强大功能和智能，都是由"软件"来演绎的。"软件"一般由在计算机硬件上运行的程序、数据以及用以描述软件自身开发、使用及维护的说明文档构成。程序是用计算机语言描述的人类解决问题的思想和方法，反映了人类的思维。

计算机的软件系统大致可以分为系统软件和应用软件两大类。系统软件负责管理计算机本身的运作；应用软件则负责完成用户所需要的各种功能。

文化在发展的过程中衍生了各种思维方式，不同的文化决定了不同的思维和行为模式。因此，软件及其生产过程与文化有着割舍不断的渊源，软件生产过程本质上也是由一种文化所主导，软件一定反映了某种文化。

二、计算机软件技术的发展

（一）软件技术发展早期

在计算机发展早期，应用领域较窄，主要是科学与工程计算，处理对象是数值数据。1956年，在巴科斯领导下为IBM机器研制出第一个实用高级语言及其翻译程序，此后，相继又有多种高级语言问世，从而使设计和编制程序的功效大为提高。这个时期计算机软件的巨大成就之一，就是在当时的水平上成功地解决了两个问题：一方面开始设计出了具有高级数据结构和控制结构的高级程序语言；另一方面又发明了将高级语言程序翻译成机器语言程序的自动转换技术，即编译技术。然而，随着计算机应用领域的逐步扩大，除了科学计算继续发展以外，出现了大量的数据处理和非数值计算问题。为了充分利用系统资源，出现了操作系统；为了适应大量数据处理问题的需要，出现了数据库及其管理系统。软件规模与复杂性迅速增大。当程序复杂性增加到一定程度以后，软件研制周期难以控制，正确性难以保证，可靠性问题相当突出。为此，人们提出用结构化程序设计和软件工程方法来克服这一危机。软件技术发展随之进入一个新的阶段。

(二) 结构化程序和对象技术发展时期

从20世纪70年代初开始，大型软件系统的出现给软件开发带来了新问题。大型软件系统的研制需要花费大量的资金和人力，可是研制出来的产品却是可靠性差、错误多、维护和修改也很困难。一个大型操作系统有时需要几千人一年的工作量，而所获得的系统又常常会隐藏着几百甚至几千个错误。程序可靠性很难保证，程序设计工具的严重缺乏也使软件开发陷入困境。

结构程序设计的讨论催生了一系列的结构化语言。这些语言具有较为清晰的控制结构，与原来常见的高级程序语言相比有一定的改进，但在数据类型抽象方面仍显不足。面向对象技术的兴起是这一时期软件技术发展的主要标志。"面向对象"这一名词在20世纪80年代初由Small－talk语言的设计者首先提出，而后逐渐流行起来。面向对象的程序结构将数据及其上作用的操作一起封装，组成抽象数据或者叫作对象。具有相同结构属性和操作的一组对象构成对象类。对象系统就是由一组相关的对象类组成，能够以更加自然的方式模拟外部世界现实系统的结构和行为。对象的两大基本特征是信息封装和继承。通过信息封装，在对象数据的外围好像构筑了一堵"围墙"，外部只能通过围墙的"窗口"去观察和操作围墙内的数据，这就保证了在复杂的环境条件下对象数据操作的安全性和一致性。通过对象继承可实现对象类代码的可重用性和可扩充性。可重用性能处理父、子类之间具有相似结构的对象共同部分，避免代码一遍又一遍的重复。可扩充性能处理对象类在不同情况下的多样性，在原有代码的基础上进行扩充和具体化，以求适应不同的需要。传统的面向过程的软件系统以过程为中心。过程是一种系统功能的实现，而面向对象的软件系统是以数据为中心。与系统功能相比，数据结构是软件系统中相对稳定的部分。对象类及其属性和服务的定义在时间上保持相对稳定，还能提供一定的扩充能力，这样就可大为节省软件生命周期内系统开发和维护的开销。就像建筑物的地基对于建筑物的寿命十分重要一样，信息系统以数据对象为基础构筑，其系统稳定性就会十分牢固。到20世纪80年代中期以后，软件的蓬勃发展更来源于当时两大技术进步的推动力：一是微机工作站的普及应用；二是高速网络的出现。其导致的直接结果是：一个大规模的应用软件，可以由分布在网络上不同站点机的软件协同工作去完成。由于软件本身的特殊性和多样性，在大规模软件开发时，人们几乎总是面临困难。软件工程在面临许多新问题和新挑战后进入了一个新的发展时期。

（三）软件工程技术发展时期

自从软件工程名词诞生以来，历经多年的研究和开发，人们深刻认识到，软件开发必须按照工程化的原理和方法来组织和实施。软件工程技术在软件开发方法和软件开发工具方面，在软件工程发展的早期，特别是20世纪七八十年代时的软件蓬勃发展时期，已经取得了非常重要的进步。软件工程作为一个学科方向，越来越受到人们的重视。但是，大规模网络应用软件的出现所带来的新问题，使得软件人员在如何协调合理预算、控制开发进度和保证软件质量等方面面临更加困难的境地。

进入20世纪90年代，Internet和WWW技术的蓬勃发展使软件工程进入一个新的技术发展时期。以软件组件复用为代表，基于组件的软件工程技术正在使软件开发方式发生巨大改变。早年软件危机中提出的严重问题，有望从此开始找到切实可行的解决途径。在这个时期，软件工程技术发展代表性标志有三个方面。

1. 基于组件的软件工程和开发方法成为主流

组件是自包含的，具有相对独立的功能特性和具体实现，并为应用提供预定义好的服务接口。组件化软件工程是通过使用可复用组件来开发、运行和维护软件系统的方法、技术和过程。

2. 软件过程管理进入软件工程的核心进程和操作规范

软件工程管理应以软件过程管理为中心去实施，贯穿于软件开发过程的始终。在软件过程管理得到保证的前提下，软件开发进度和产品质量也就随之得到保证。

3. 网络应用软件规模越来越大，使应用的基础架构和业务逻辑相分离

网络应用软件规模越来越大，复杂性越来越高，使得软件体系结构从两层向三层或者多层结构转移，使应用的基础架构和业务逻辑相分离。应用的基础架构由提供各种中间件系统服务组合而成的软件平台来支持，软件平台化成为软件工程技术发展的新趋势。软件平台为各种应用软件提供一体化的开放平台，既可保证应用软件所要求的基础系统架构的可靠性、可伸缩性和安全性的要求，又可使应用软件开发人员和用户只要集中关注应用软件的具体业务逻辑实现，而不必关注其底层的技术细节。当应用需求发生变化时，只要变更软件平台之上的业务逻辑和相应的组件实施就行了。

以上这些标志象征着软件工程技术已经发展上升到一个新阶段，但这个阶段尚未结束。软件技术发展日新月异，Internet的进步促使计算机技术和通信技术相结合，更使软件技术的发展呈五彩缤纷的局面。软件工程技术的发展也

永无止境。

软件技术是从早期简单的编程技术发展起来的，现在包括的内容很多，主要有需求描述和形式化规范技术、分析技术、设计技术、实现技术、文字处理技术、数据处理技术、验证测试及确认技术、安全保密技术、原型开发技术和文档编写及规范技术、软件重用技术、性能评估技术、设计自动化技术、人机交互技术、维护技术、管理技术和计算机辅助开发技术等。

三、软件基本组成

软件是计算机系统中的程序、数据及其相关文档的总称。

程序（Program）是为实现特定目标或解决特定问题而用计算机语言编写的命令序列的集合，为实现预期目的而进行操作的一系列语句和指令。

软件概念发展的初期，软件专指计算机程序，随着计算机科学的发展，数据和文档也被包含在软件的范畴，并且越来越强调文档的重要性。数据是软件不可或缺的组成部分，没有任何数据的软件是不可想象的。数据可分为输入和输出两大类型，数据可以直接嵌入程序之中，也可以保持在存储介质中。文档是软件的重要组成部分，用来描述程序的内容、组成、设计、功能规格、开发情况、测试结果及使用方法等。

四、软件分类

从计算机系统角度来分，软件可分为系统软件和应用软件。系统软件依赖于机器，而应用软件则更接近用户业务。

系统软件是指为管理、控制和维护计算机与外设，以及提供计算机与用户界面等的软件，如操作系统、文字处理程序、计算机语言处理程序、数据库管理程序、联网及通信软件、各类服务程序和工具软件等，通常由计算机生产厂家（部分由"第三方"）提供。

系统软件以外的其他软件称为应用软件。应用软件是指用户为了自己的业务应用而使用系统开发出来的用户软件。目前应用软件的种类很多，按其主要用途分为科学计算类、数据处理类、过程控制类、辅助设计类和人工智能类软件。

应用软件的组合可称为软件包或软件库。

应用软件建立在系统软件基础之上。人们可以通过应用软件使用计算机，也可以通过系统软件使用计算机。因此，系统软件是人们学习使用计算机的首要软件。

（一）系统软件

系统软件是随计算机出厂并具有通用功能的软件，由计算机厂家或第三方厂家提供，一般包括操作系统、语言处理系统、数据库管理系统以及服务程序等。

1. 操作系统（Operating System，OS）

操作系统是系统软件的核心，是管理计算机软、硬件资源，调度用户作业程序和处理各种中断，从而保证计算机各部分协调有效工作的软件。操作系统是最贴近硬件的系统软件，也是用户与计算机的接口，用户通过操作系统来操作计算机并能使计算机充分实现其功能。

操作系统的功能和规模随不同的应用要求而异，故操作系统又可分为批处理操作系统、分时操作系统及实时操作系统等。

2. 语言处理系统（Language Processing System，LPS）

任何语言编制的程序，最后一定都需要转换成机器语言程序，才能被计算机执行。语言处理程序的任务，就是将各种高级语言编写的源程序翻译成机器语言表示的目标程序。不同语言编写的源程序，有不同的语言处理程序。语言处理程序按其处理的方式不同，可分为解释型程序与编译型程序两大类。前者对源程序的处理采用边解释边执行的方法，并不形成目标程序，称为对源程序的解释执行；后者必须先将源程序翻译成目标程序才能执行，称为编译执行。

3. 数据库管理系统（DataBase Management System，DBMS）

数据库管理系统是对计算机中所存放的大量数据进行组织、管理、查询并提供一定处理功能的大型系统软件。随着社会信息化进程的加快、信息量的剧增，数据库已成为计算机信息系统和应用系统的基础。数据库管理系统能够对大量数据合理组织，减少冗余；支持多个用户对数据库中数据的共享；还能保证数据库中数据的安全和对用户进行数据存取的合法性验证。数据库管理系统可以划分为两类，一类是基于微型计算机的小型数据库管理系统，具有数据库管理的基本功能，易于开发和使用，可以解决数据量不大且对功能要求较简单的数据库应用，常见的有 FoxBASE 和 FoxPro 数据库管理系统；另一类是大型的数据库管理系统，其功能齐全，安全性好，支持对大数据量的管理，提供相应的开发工具。目前国际上流行的大型数据库管理系统主要有 Oracle、SYBASE、DB2、Informix 等。国产化的数据库管理系统已初露头角，并走向市场，如 COBASE、DM2、Open BASE 等。

数据库技术是计算机中发展快、用途广泛的技术之一，任何计算机应用开发中都离不开对数据库技术的应用。

4. 服务程序（Service Program）

服务程序是一类辅助性的程序，提供程序运行所需的各种服务。例如，用于程序的装入、链接、故障诊断、纠错等。

（二）应用软件

应用软件是为解决实际应用问题所编写的软件的总称，涉及计算机应用的所有领域，种类繁多。表3－1列举了一些主要应用领域的常用软件。

表3－1 　　　　　　　　　　常用的应用软件

软件种类	功能	软件举例
编程开发	计算机要想完成某些功能，必须通过编程来实现。程序开发软件为编程人员提供了一个集成的开发平台，方便程序设计人员使用	Java、C＃、VB/VB.NET、C语言、C＋＋
杀毒软件	是用于消除计算机病毒、特洛伊木马和恶意软件的一类软件	360杀毒
下载工具	方便用户从互联网上快速下载数据文件	迅雷、网际快车、快车
压缩解压	用于磁盘管理的工具软件，以减少资料占用的存储空间，以便更有效地在Internet上传输	Win RAR、Win ZIP、360压缩
中文输入	将汉字输入计算机或手机等电子设备而采用的编码方法，是中文信息处理的重要技术	搜狗拼音、谷歌拼音、紫光拼音
电子阅读	不同格式的电子书需要使用不同的电子阅读软件	Adobe Reader、CAJ-Viewer
图像处理	图像处理是指用计算机对图像进行分析，以达到所需结果的技术。常见的处理有图像数字化、图像编码、图像增强、图像复原、图像分割和图像分析等	Photoshop、美图秀秀、Picasa
系统辅助	提供了全面有效且简便安全的系统检测、系统优化、系统清理、系统维护等功能及其他附加的工具软件	优化大师、360软件管家
三维制作	三维动画软件是模拟真实物体，建立虚拟世界的有用的工具	3D Max、Maya、Flash

续表

软件种类	功能	软件举例
联络聊天	基于互联网络的客户端进行实时语音、文字传输的工具	腾讯QQ、微信
手机数码	基于手机不同操作系统的管理软件	豌豆荚、Itools

第三节 操作系统

很多人认为将程序输入计算机中运行并得出结果是一个很简单的过程，其实整个执行情况错综复杂，各种因素相互影响。例如，如何确定程序运行正确，如何保证程序性能最优，如何控制程序执行的全过程，其中操作系统起了关键性的作用。

一、操作系统的概念

操作系统是介于硬件和应用软件之间的一个系统软件，它直接运行在裸机上，是对计算机硬件系统的第一次扩充；操作系统负责管理计算机中各种软/硬件资源并控制各类软件的运行；操作系统是人与计算机之间通信的桥梁，为用户提供了一个清晰、简洁、友好、易用的工作界面。用户通过使用操作系统提供的命令和交互功能实现对计算机的操作。

操作系统中的重要概念有进程、线程、内核态和用户态。

（一）进程

进程（Process）是操作系统中的一个核心概念。进程，顾名思义，是指进行中的程序，即进程＝程序＋执行。

进程是程序的一次执行过程，是系统进行调度和资源分配的基本单位。或者说，进程是一个程序与其数据一起在计算机上顺利执行时所发生的活动，简单地说，就是一个正在执行的程序。一个程序被加载到内存，系统就创建了一个进程，程序执行结束后，该进程也就消亡了。进程和程序的关系犹如演出和剧本的关系。其中，进程是动态的，而程序是静态的；进程有一定的生命期，而程序可以长期保存；一个程序可以对应多个进程，而一个进程只能对应一个程序。

为什么要使用进程？在冯·诺依曼体系结构中，程序常驻外存，当执行时才被加载到内存中。为了提高CPU的利用率，为了控制程序在内存中的执行过程，就引入了"进程"的概念。

在 Windows、UNIX、Linux 等操作系统中，用户可以查看当前正在执行的进程。有时"进程"又称为"任务"。利用任务管理器可以快速查看进程信息，或者强行终止某个进程。当然，结束一个应用程序的最好方式是在应用程序的界面中正常退出，而不是在任务管理器中结束一个进程，只有在应用程序出现异常而不能正常退出时才这样做。

操作系统把进程管理归纳为："程序"成为"作业"进而成为"进程"，并按照一定规则被调度。

程序是为了完成特定的任务而编制的代码，被存放在外存（硬盘或其他存储设备）上。根据用户使用计算机的需要，它可能会成为一个作业，也可能不会成为一个作业。

作业是程序被选中到运行结束并再次成为程序的整个过程。显然，所有作业都是程序，但不是所有程序都是作业。

进程是正在内存中运行的程序，当一个作业被选中后进入内存运行，这个作业就成为进程。等待运行的作业不是进程。即所有的进程都是作业，但不是所有的作业都是进程。

（二）线程

随着硬件和软件技术的发展，为了更好地实现并发处理和资源共享，提高 CPU 的利用率，目前许多操作系统把进程再"细分"成线程（Threads）。这并不是一个新的概念，实际上它是进程概念的延伸。线程是进程的一个实体，是 CPU 调度和分派的基本单位，它是比进程更小的能独立运行的基本单位。线程基本不拥有系统资源，只拥有在运行中必不可少的资源（如程序计数器、一组寄存器和栈），但是它可与同属一个进程的其他线程共享进程所拥有的全部资源。一个线程可以创建和撤销另一个线程，同一个进程中的多个线程可以并发执行。

使用线程可以更好地实现并发处理和资源共享，提高 CPU 的利用率。CPU 是以时间片轮转的方式为进程分配处理时间的。如果 CPU 有 10 个时间片，需要处理两个进程，则 CPU 的利用率为 20%。为了提高运行效率，现将每个进程又细分为若干个线程（如当前每个线程都要完成三件事情），则 CPU 会分别用 20%的时间来同时处理三件事情，从而使 CPU 的利用率达到 60%。例如，一家餐厅拥有一个厨师、两个服务员和两个顾客，每个顾客点了三道不同的菜肴，则厨师可视为 CPU，服务员可理解为两个线程，餐厅即为一个程序。厨师同一时刻只能做一道菜，但他可以在两个顾客的菜肴间进行切换，使得两个顾客都有菜吃而误认为他们的菜是同时做出来的。计算机的多线程也是如此，CPU 会分配给每一个线程极少的运行时间，时间一到，前线程就交出所有权，所有线程被快速地切换执行，因为 CPU 的执行速度非常快，所以在执行的过程中用户认为这些线程是"并发"执行的。

（三）内核态和用户态

计算机世界中的各程序是不平等的，它们有特权态和普通态之分。特权态即内核态，拥有计算机中所有的软/硬件资源；普通态即用户态，其访问资源的数量和权限均受到限制。

究竟什么程序运行在内核态，什么程序运行在用户态呢？关系到计算机基本运行状态的程序应该在内核态中执行（如 CPU 管理和内存管理）；只与用户数据和应用相关的程序则放在用户态中执行（如文件系统和网络管理）。由于内核态享有最大权限，其安全性和可靠性尤为重要。一般能够运行在用户态的程序就让它在用户态中运行。

二、操作系统的功能

操作系统可以控制计算机上所有运行的程序并管理所有计算机资源，是底层软件，它如魔术师般可以将慢的速度变快、将少的内存变多、将复杂的操作变简单。例如，在裸机上直接使用机器语言编程是相当困难的，各种数据转移均需要用户自己控制，对不同设备还要使用不同命令驱动，一般用户很难胜任。操作系统将人类从繁重复杂的工作中解脱出来，让用户感觉使用计算机是一件容易的事情。

操作系统掌控着计算机中一切软/硬件资源。那么，哪些资源受操作系统管理，操作系统又将如何管理这些资源呢？

首先，操作系统管理的硬件资源有 CPU、内存、外存和输入/输出设备。操作系统管理的软件资源为文件。操作系统管理的核心就是资源管理，即如何有效地发掘资源、监控资源、分配资源和回收资源。操作系统设计和进化的根本就是采用各种机制、策略和手段极力提高对资源的共享，解决竞争。

另外，操作系统要掌控一切资源，其自身必须是稳定和安全的，即操作系统自己不能出现故障，确保自身的正常运行，并防止非法操作和入侵。

一台计算机可以安装几个操作系统，但在启动计算机时，需要选择其中的一个作为"活动"的操作系统，这种配置叫作多引导。有一点需要注意，应用软件和其他系统软件都与操作系统密切相关，因此一台计算机的软件系统严格意义上是基于操作系统的。也就是说，任何一个需要在计算机上运行的软件都需要合适的操作系统支持，因此人们把软件基于的操作系统作为一个"环境"。对不同操作系统环境下的各种软件有不同的要求，并不是任何软件都可以随意地在计算机上执行。

三、操作系统的种类

操作系统的种类繁多，依其功能和特性可分为批处理操作系统、分时操作系统和实时操作系统等；依其同时管理用户数的数量分为单用户操作系统和多用户操作系统；依其有无管理网络环境的能力可分为网络操作系统和非网络操作系统。通常，操作系统有以下五类。

（一）单用户操作系统（Single User Operating System）

单用户操作系统的主要特征是计算机系统内一次只能支持运行一个用户程序。这类系统的最大缺点是计算机系统的资源不能被充分利用。微型计算机的DOS、Windows操作系统属于这类系统。

（二）批处理操作系统（Batch Processing Operating System）

批处理操作系统是20世纪70年代运行于大、中型计算机上的操作系统，当时由于单用户单任务操作系统的CPU使用率低，I/O设备资源未被充分利用，因而产生了多道批处理系统。多道是指多个程序或多个作业（Multi－Programs or Multi－Jobs）同时存在和运行，故也称为多任务操作系统。IBM的DOS/VSE操作系统就是这类系统。

（三）分时操作系统（Time－Sharing Operating System）

分时操作系统的特征：在一台计算机周围挂上若干台近程或远程终端，每个用户可以在各自的终端上以交互方式控制作业运行。

在分时操作系统的管理下，虽然各用户使用的是同一台计算机，但是每个用户都有一种"独占计算机"的感觉。实际上是分时操作系统将CPU时间资源划分成极短的时间片（毫秒量级），轮流分给每个终端用户使用，当一个用户的时间片用完后，CPU就转给另一个用户，前一个用户只能等待下一次轮转。由于人的思考、反应和输入的速度通常比CPU的速度慢得多，所以只要同时上机的用户不超过一定数量，就不会有延迟的感觉，好像每个用户都独占着计算机。分时操作系统的优点：第一，经济实惠，可充分利用计算机资源；第二，由于采用交互会话方式控制作业，用户可以坐在终端前边思考、边调整、边修改，从而大大缩短了解题周期；第三，分时操作系统的多个用户间可以通过文件系统彼此交流数据和共享各种文件，在各自的终端上协同完成任务。分时操作系统是多用户多任务操作系统，UNIX是国际上最流行的分时操作系统。此外，UNIX具有网络通信与网络服务的功能，也是广泛使用的网络操作系统。

（四）实时操作系统（Real-Time Operating System）

在某些应用领域，要求计算机能对数据进行迅速处理。例如，在自动驾驶仪控制下的飞机、导弹的自动控制系统中，计算机必须对测量系统测得的数据及时、快速地进行反应和处理，以便达到控制的目的，否则就会失去最佳时机。这种有响应时间要求的快速处理过程称为实时处理过程，当然，响应的时间要求可长可短，可以是秒、毫秒或微秒级的。对于这类实时处理过程，批处理操作系统或分时操作系统均无能为力，因此产生了另一类操作系统——实时操作系统。配置实时操作系统的计算机系统称为实时系统。实时系统按其使用方式可分成两类：一类是广泛用于钢铁、炼油、化工生产过程控制、武器制导等各个领域中的实时控制系统；另一类是广泛用于自动订购飞机票、火车票的系统，情报检索系统，银行业务系统，超市销售系统中的实时数据处理系统。

（五）网络操作系统（Network Operating System）

网络是将物理上分布（分散）的独立的多个计算机系统互联起来，通过网络协议在不同的计算机之间实现信息交换、资源共享。

通过网络，用户可以突破地理条件的限制方便地使用远地的计算机资源。提供网络通信和网络资源共享功能的操作系统称为网络操作系统。

第四节　因特网基础及应用

因特网（Internet）即是 20 世纪最伟大的发明之一。因特网由成千上万个计算机网络组成，覆盖范围从大学校园网、商业公司的局域网到大型的在线服务提供商，几乎涵盖了社会的各个应用领域。人们只要用鼠标、键盘就可以从因特网上找到需要的信息，可以与世界另一端的人们通信交流，甚至一起参加视频会议。因特网已经使人们的工作、生活方式发生了改变，并正以极快的速度在不断发展和更新。

一、网络的功能与作用

（一）提供了新的数据通信手段

数据通信是计算机网络最基本也是最普遍的功能应用。网络中每时每刻都在传送着海量的数据信息。传统的通信方法依赖于手工或电话，效率不高，可靠性差。计算机网络所提供的数据通信功能为人们解决了现代社会由于信息量激增、信息交换增多而带来的重大难题。因特网为我们快速获取高质量的信息提供了支持。

例如，现代社会生活中每年有几万吨信件需要传递。利用计算机网络传递信件是一种全新的传递方式，最大程度地解决和满足了人们利用信件进行数据信息交换的需求。电子邮件比现有的通信工具有更多的优点，它不像电话系统，要求通话的双方必须同时在场；也不像广播系统只能进行单方向信息传递；在传递的速度上比传统邮件快得多。另外，电子邮件还可以携带声音、图像和视频，实现多媒体通信。如果计算机网络覆盖的地域足够大，则可使各种信息通过电子邮件在全国乃至全球范围内快速传递和处理（如因特网上的电子邮件系统）。

（二）资源共享

充分利用计算机系统资源，是组建计算机网络的最主要目标。资源共享主要包括硬件、软件和数据的共享，其中，最重要的是数据共享。有了计算机网络，小到本单位各个部门的数据可以共享，大到全球范围内的数据可以共享，由此提供了一个浩瀚无边的信息海洋，使用户享有吸之不尽的信息"营养"，同时还相当于"装备"了高品质、高性能的计算机硬件设备。例如，在计算机网络中，有许多昂贵的资源，并非为每一用户所拥有；但硬件的资源共享使得普通用户也具有了使用高端设备的机会和可能，从而提高了设备资源的利用效率，使系统的整体性价比得到提高。

（三）提高系统的处理能力

计算机网络的组建，使得原来单个计算机无法处理的事情，现在可以利用网络中的若干台机器共同来处理，从而提高了系统的处理能力。分布式数据库应用就是一个典型的例子。

（四）提高系统的可靠性

在一个系统内，单个部件或计算机暂时失效时，必须通过替换资源的办法来维持系统的继续运行。但在计算机网络中，每种资源（尤其程序和数据）可以存放在多个地点，用户可以通过多种途径来访问网内的某个资源，当计算机网络中的某台设备出现故障时，不会影响整个网络的运行，借助冗余和备份的技术和手段可以提高系统的可靠性。

由于计算机网络具备上述功能和作用，因此可以得到广泛的应用。

银行利用计算机网络进行业务处理，可使用户在异地实现通存通兑，还可以利用地理位置的差异增加资金的流通速度。例如，地处美国的银行晚上停止营业后将资金通过网络转借给新加坡的银行，而此刻新加坡正是白天，新加坡银行就可在白天利用这些资金，到晚上再归还给美国的银行，从而提高了资金的利用率。

计算机网络的另一个典型应用领域是访问远程数据库。现在，许多人坐在家里向世界上任何地方预订飞机票、火车票、汽车票、轮船票，向饭店、餐馆和电影院订座，并且可以立即得到答复。

在军事指挥系统中的计算机网络，可以使遍布在各地域范围内的计算机协同工作，对任何可疑的目标信息进行处理，及时发出警报，从而使最高决策机构采取有效措施。

在计算机网络的支持下，医生将可以联合看病。医疗设备技术人员、护士及各科医生同时给一个病人治疗；医务人员和医疗专家系统互为补充，以弥补医生在知识和医术方面的不足；各种电视会议可以使医生在遇到疑难病症时及时得到一个或更多医生的现场指导。异地的心脏病专家可以通过网络观察到本地的手术过程，并对正在进行手术的医生提出必要的建议。

以上这些典型的事例正是计算机网络强大功能和巨大作用的体现。随着网络技术的不断发展，各种网络应用将层出不穷，并将逐渐深入到社会的各个领域及人们的日常生活当中，改变着人们的工作、学习和生活乃至思维方式。

一、网络的组成

（一）服务器

服务器（server）是网络的核心控制计算机；主要作用是管理网络资源并协助处理其他设备提交的任务，它拥有可供共享的数据和文件，为网上工作站提供服务。服务器一般由一台高档计算机担任，配有大容量硬盘和内存。网络操作系统主要运行在服务器上。通常网络中可以有一个服务器，也可以有多个服务器。服务器的运行效率直接影响到整个网络的性能。

服务器在网络中有不同的角色。例如，在局域网中支持共享打印机工作的打印服务器、提供文件服务的文件服务器、运行应用系统的应用服务器，以及数据库服务器、通信管理控制服务器等。在 Internet 上，有大量的提供不同类型信息服务的服务器，例如，Web 服务器、Mail 服务器、FTP 服务器等。

（二）网络适配器

网络适配器也称为网卡（Network Interface Card，NIC）。为了将网络的各个节点连入网络中，需要在通信介质和数据处理设备（如计算机）之间用网络接口设备进行物理连接。这个网络接口设备就是网卡。网卡通常插在计算机的扩展槽中。网卡与传输电缆的连接则有多种标准类型的接口，例如，同轴电缆接口、双绞线接口等。

网卡的主要作用是完成数据的转换、信息包的组装、网络介质的访问控制、收发数据的缓存、网络信号的生成等。

（三）网络工作站

工作站是网络用户的工作终端，一般是指用户的计算机。网络工作站通过网卡向网络服务器申请获得资源后，用自己的处理器对资源进行加工处理，将信息显示在屏幕上或把处理结果送回到服务器。网络中的工作站都是自治的，即本身是一台独立的计算机。

（四）网络互联设备

网络由网络互联设备互联而成。常用的网络互联设备包括中继器、集线器、交换机、网桥、路由器、网关等。

（五）网络软件系统

网络软件是实现网络功能不可缺少的软件环境。主要包括网络协议软件、通信软件和网络操作系统。其中，网络协议软件是计算机网络中全部数据传输活动的规则和约定，用于规范和统一数据的传送和管理；通信软件用于控制应用程序与各个站点进行通信，并对大量的通信数据进行加工，管理各个工作站之间的信息通信。

网络操作系统是网络软件中最主要的软件，是网络的心脏和灵魂，能够管理整个网络的资源。从功能上讲，网络操作系统主要包括文件服务程序和网络接口程序，文件服务程序用于管理共享资源，将管理资源；网络接口程序用于管理工作站的应用程序对不同资源的访问，即管理通信。

相对单机操作系统，网络操作系统更加复杂。

1. 资源共享

网络操作系统运行在称为服务器的计算机上，要对全网的资源进行管理，以实现整个系统的资源共享，包括文件资源和计算机外设，例如，打印机、传真机等。

2. 信息传输

协调网络上各节点和设备之间的通信活动，保证随时随地按用户要求实现数据传输。

3. 安全性

保证网络上的用户、数据和设备的安全。可对不同的用户规定不同的权限；对进入网络的用户进行身份验证等。对非常规的操作和访问进行防范和处理等。

4. 可靠性

保证服务器及网络系统可靠运行，有较强的容错功能（即当部分系统发生故障时系统继续工作的功能）。即能在发生任何故障时很快恢复系统。

目前局域网中安装应用的操作系统主要有：UNIX、Linux、Novell

Netware Microsoft Windows 操作系统等。

三、网络的体系结构

(一) 网络协议

在两台计算机之间进行数据通信，必须使它们采用相同的信息交换规则。我们把在计算机网络中用于规定信息的格式以及如何发送和接收信息的一套规则（或称为"约定"）称为网络协议（Network Protocol）或通信协议（Communication Protocol）。网络通信协议包括以下三个要素。

①语法：即数据或控制信息的结构或格式。

②语义：即需要发出何种控制信息，完成何种动作以及做出何种响应。

③同步：即事件实现顺序的详细说明。

协议是网络通信的约定语言。简单地说，在网络上传送的信息是以"数据包"的形式传送的。"数据包"由包头和数据组成，包头包括传送的源地址、目的地址以及各种约定。书写包头的内容必须遵守约定的语言，即网络协议。

在计算机网络中进行的数据传送是一件非常复杂的过程，建立规则、制定协议并由协议对数据传送的过程进行管理和控制，是计算机在实现物理连接之后，必须要解决的问题。

数据传送过程中所涉及的管理和控制问题是非常复杂和繁重的。其中包括：寻址问题，即如何确定通信双方的位置和标识；差错控制，即如何确定纠错方法和数据重发的规则；流量控制，即如何防止和解决拥塞和冲突等问题；路由选择，即如何在多条通信线路中确定最佳的数据传送路线；编码与转换，不同的计算机系统可能采用不同的编码，如何确定编码的方式以及不同编码方式下的信息转换方式；信息表达，即如何确定统一的数据表达方式和数据信息压缩整理的规则；同步控制，即如何建立发送和接收双方的同步规则；数据安全，即如何防止和解决数据丢失、非法查询、泄密等问题；传送控制，即如何进行带宽分配、流量分配，如何确定排队和优先等问题的处理规则等。所有这些问题如只依靠一个协议实现管理，依靠一个程序来进行控制，将是一个非常困难的问题。

为了减少网络协议设计的复杂性，网络设计者并不是设计一个单一的、庞大的协议来为所有形式的通信规定完整的细节，而是采用把通信问题划分为许多个小问题，然后为每个小问题设计一个单独的协议的方法。这样做使得每个协议的设计、分析、编码和测试都比较容易。这就是网络分层的意义。

(二) 协议分层

为了减少网络设计的复杂性，绝大多数网络采用分层设计的方法。所谓分层设计方法,就是按照信息的流动过程,将网络的整体功能逻辑地分解为一个个的功能层,然后针对不同的功能层以及发生在该层上的通信活动,制定该层的"协议"。不同机器上的同等功能层之间采用相同的协议;同一机器上的相邻功能层之间通过接口进行信息传递。

为了便于理解接口和协议的概念,下面以邮政通信系统为例进行说明。人们平常写信时,都有个约定,这就是信件的格式和内容。首先,我们写信时必须采用双方都懂的语言文字和文体,开头是对方称谓,最后是落款等。这样,对方收到信后,才可以看懂信中的内容,知道是谁写的,什么时候写的等。当然还可以有其他的一些特殊约定,如书信的编号、间谍的密写等。信写好之后,必须将信封装并交由邮局寄发,这样寄信人和邮局之间也要有约定,这就是规定信封写法并贴邮票。在中国寄信必须先写收信人地址、姓名,然后才写寄信人的地址和姓名。邮局收到信后,首先进行信件的分拣和分类,然后交付有关运输部门进行运输,如航空信交民航,平信交铁路或公路运输部门等。这时,邮局和运输部门也有约定,如到站地点、时间、包裹形式等。信件运送到目的地后进行相反的过程,最终将信件送到收信人手中,收信人依照约定的格式才能读懂信件。

在以上所述邮政服务的整个过程中,主要涉及了3个子系统,即用户子系统、邮政子系统和运输子系统。从上例可以看出,各种约定都是为了达到将信件从一个源点送到某一个目的点这个目标而设计的。这就是说,它们是因信息的流动而产生的。可以将这些约定分为同等机构间的约定,如用户之间的约定、邮政局之间的约定和交通运输部之间的约定;以及不同机构间的约定,如用户与邮政局之间的约定、邮政局与运输部门之间的约定。虽然两个用户、两个邮政两个运输部门分处甲、乙两地,但它们都分别对应同等机构,同属一个子系统;而同处一地的不同机构则不在一个子系统内,而且它们之间的关系是服务与被服务的关系。显然,这两种约定是不同的,前者为部门内部的约定,而后者是不同部门之间的约定。

在计算机网络环境中,两台计算机中两个进程之间进行通信的过程与邮政通信的过程十分相似。用户进程对应于用户,计算机中进行通信的进程(也可以是专门的通信处理机)对应于邮局,通信设施对应于运输部门。网络中同等层之间的通信规则就是该层使用的协议,如有关第 N 层的通信规则的集合,就是第 N 层的协议;而同一计算机的不同功能层之间的通信规则称为接口,在第 N 层和第（N+1）层之间的接口称为"（N/N+1）层接口"。

所以,协议是不同系统同等层之间的通信约定;而接口是同一系统相邻层之间的通信约定。不同的网络,分层数量、各层的名称和功能以及协议都可以是各不相同的。在所有的网络中，每一层的目的都是向它的上一层提供一定的服务，并在实际的通信过程中下层向上层屏蔽自己功能和管理的实现细节。

在计算机网络系统中，"服务"是指网络中各层向其相邻上层提供的一组操作，是相邻两层之间的界面。由于网络分层结构中的单向依赖关系，使得网络中相邻层之间的界面也是单向性的：下层是服务提供者，上层是服务的受用者；层次结构中间各层都为上一层提供服务，同时又接受下层提供的服务。

协议的分层设计方法需要首先将整个网络通信功能划分为垂直的层次集合。层次的划分时应根据网络的通信功能和复杂程序，确定分层的数量。其基本的划分原则是：使每层小到易于处理；同时层次也不能太多，以避免产生过度复杂的操作处理。

（三）计算机网络体系结构

一个完整的计算机网络需要分不同层次制定一整套复杂的协议集合。计算机网络体系结构是网络层次结构模型及其各层协议的集合。也就是说，计算机网络体系结构就是该计算机网络及其部件所应该完成的功能的精确定义。体系结构是计算机网络功能的抽象描述，并不考虑其功能的具体实现问题；"实现"则是具体的，是真正在运行的计算机硬件和软件。

不同的网络，不同的组建标准，不同的分层方法，其体系结构自然就不同。在网络发展的初期，许多研究机构、计算机厂商和公司都在根据自己的标准，致力于计算机网络的发展。从 ARPANET 出现至今，已经推出了许多商品化的网络系统。在体系结构上差异很大，以至于它们之间互不相容，难于相互连接以构成更大的网络系统。为此，许多标准化机构积极开展了网络体系结构标准化方面的工作。其中最为著名的是 1977 年由国际标准化组织 ISO 提出的"开放系统互连参考模型 OSI/RM"（Open Systems Interconnection Reference Model）。OSI 参考模到是研究如何把开放式系统（即为了与其他系统通信而相互开放的系统）连接起来的理论标准。

（四）OSI 模型

OSI 参考模型将计算机网络分为 7 层。每层都有各自负责的功能，而且各个层次息息相关，环环相扣，互相提供服务。综合各层的功能意义，就是计算机网络所能完成的功能的精确定义。这里所综合的功能可以分为两类，一类是依赖网络的功能，一类是面向应用的功能。其中，1～3 层是依赖网络的，涉及将两台通信计算机连接在一起的数据通信网络；5～7 层是面向应用的，涉及两个终端用户的应用清求和服务的交互；中间的传输层为面向应用的上 3 层屏蔽了与网络有关的下 3 层的详细操作，并基于下 3 层所提供的服务，为上 3 层提供信息传输服务。各层的基本功能简介如下。

1. 物理层

物理层（Physical Layer）负责网络的物理连接，提供无结构二进制位数据流（称为"比特流"）的可靠传输。物理层的主要功能是规定计算机或其他通信设备之间的接口标准，利用物理的传输通信介质，为上一层提供一个物理连接，通过该物理连接实现比特流的传输。

2. 数据链路层

数据链路层（Data Link Layer）负责建立数据传输的通信链路，实现无差错的传输服务。物理层仅提供了通信能力，但实际传输过程中不可避免地会出现畸变或受到干扰，造成传输错误。数据链路层的主要功能是建立和拆除数据链路，将数据信息按约定的格式组装成"帧"以便无差错的实现传输。此外，数据链路层还具有处理应答、差错控制、顺序和流量控制等功能。数据链路层传送的本单位是"帧"。

3. 网络层

网络层（Network Layer）负责解决网络之间的通信问题。网络层的主要功能是提供路由，即根据数据传输的目的地址（IP 地址），确定最佳的传输路径，称为"路由选择"。此外，网络层还要能够消除网络拥挤，具有流量控制和拥塞控制的能力。网络层传送的基本单位是"分组"（也称"包"）。

4. 传输层

传输层（Transport Layer）负责解决数据在网络之间的传输质量问题，用于提高网络服务质量，提供数据传输的全面服务。传输层的主要功能是提供点对点之间的可靠服务，保证数据传输的质量，将数据安全无误地送到目的地。它可以根据不同的服务请求和服务类型，按照事先约定的管理策略，提供不同级别的传输服务，对等待的数据进行管理（排队、优先级、时序等），对传输的过程进行检测，如发生丢失、错误、重复等问题时，能够立即侦测到，并及时更正处理。传输层传送的基本单位是"报文"。

5. 会话层

会话层（Session Layer）负责建立、管理和拆除"会话"。所谓"会话"是指两个通信节点在正式进行数据传送之前的"会晤"，也是用户或进程之间的一次"联系"。会晤的目的是对即将到来的数据通信进行约定，约定的基本内容包括：建立数据所使用的协议，通信方式（全双工或半双工），如何纠错，如何结束等。会话层不参与具体的数据传输，但它将对数据传送进行管理。

6. 表示层

表示层（Presentation Layer）负责管理数据的编码方式，对数据进行整理，如加密与解密、压缩与恢复等。表示层的主要功能是统一和屏蔽数据在表示形式上的差异，完成不同格式的数据文件的转换。

7. 应用层

应用层（Application Layer）是 OSI/RM 的最高层，负责网络中应用程序与网络操作系统之间的联系，为用户提供各类应用服务。用户运行相应的应用程序，并根据不同的应用协议，创建自己的服务请求。例如，收发电子邮件、文件传输等。

以上简单地叙述了 SI/RM 的体系结构，初次接触可能未必完全理解，但只要知道两个计算机或两个网络要相互通信，必须要制定统一的标准和约束就可以了，如同两个人会话要讲同一种语言一样。

在物理层实际传输是一个"数据包"；该数据包由实际传输的数据并加载各层协议组成。在 OSI 参考模型中，当一台主机需要传送用户的数据时，数据首先通过应用层的接口进入应用层。在应用层，用户的数据被加上应用层的报头 AH（Application Header），形成应用层协议数据单元 PDU（Protocol Data Unit）。然后被递交到表示层。

表示层并不"关心"应用层的数据格式，而是把整个应用层递交的数据包看成是一个整体进行封装，并随即加载表示层的报头 PH（Presentation Header）。然后递交到会话层。

同样，会话层、传输层、网络层、数据链路层也都要分别给上层递交下来的数据加上自己的报头。它们是：会话层报头 SH（Session Header）、传输层报头 TH（Transport Header），网络层报头 NH（Network Header）和数据链路层报头 DH（Data link Header）。其中，数据链路层还要给网络层递交的数据加上数据链路层报尾 DT（Data link Termination）形成最终的一帧数据。

当一帧数据通过物理层传送到目标主机的物理层时，该主机的物理层把它递交到它的上层，即数据链路层。数据链路层负责去掉数据帧的帧头部 DH 和尾部 DT，同时还进行数据校验。如果数据没有出错，则递交到它的上层，即网络层。

同样，网络层、传输层、会话层、表示层、应用层也要做类似的工作。最终，原始数据被递交到目标主机的具体应用程序中。

值得注意的是，OSI 模型本身不是网络体系结构的全部内容，这是因为它并未确切地描述用于各层的协议和实现方法，而仅仅告诉我们每一层应该完成的功能，这是 OSI 模型的最大贡献。正因为没有具体的协议集与之配套，才使得它更具有通用性。在 OSI 参考模型中，有 3 个基本概念，即服务、接口和协议。提出并将这 3 个概念区分清楚，也是 OSI 模型的最重要的贡献之一。

另一方面，OSI 模型过于复杂，这也是该模型只是停留在理论层面而从未商业化应用的原因所在。虽然 OSI 模型和协议并未获得完整意义上的成功，但是 OSI 参考模型在计算机网络的发展过程中仍然起到了非常重要的指导作用，作为一种参考模型和完整体系，它仍对今后计算机网络技术面向标准化、规范化方向的发展具有指导意义。

（五）TCP/IP 体系结构

TCP/IP 协议模型（Transmission Control Protocol/Internet Protocol）包含了一系列构成互联网基础的网络协议，是 Internet 的核心协议，通过 20 多年的发展已日渐成熟，并被广泛应用于局域网和广域网中，目前已成为事实上的国际标准。其中，接口层负责提供并物理实现 IP 数据包的发送和接收。网络层提供计算机之间的数据分组传送，以及处理寻址、路由、流量控制、拥塞等问题。传输层提供应用程序间的通信，包括格式化信息流、提供可靠传输等。应用层提供常用的应用程序，例如，HTTP 服务、SMTP 服务、POP3 服务、FTP 服务等。

四、因特网的简单应用

因特网已经成为人们获取信息的主要渠道，人们已经习惯每天到一些感兴趣的网站上看新闻、收发电子邮件、下载资料、与朋友在网上交流等。

（一）万维网

万维网（World Wide Web）又称为 3W、WWW、Web、全球信息网等。WWW 是一种建立在因特网上的全球性的、交互的、动态的、多平台的、分布式的超文本超媒体信息查询系统。它也是建立在因特网上的一种网络服务。其最主要的概念是超文本，并遵循超文本传输协议（Hyper Text Transmission Protocol，HTTP）。WWW 网站中包含很多网页（又称 Web 页）。网页是用超文本标记语言（Hyper Text Markup Language，HTML）编写的，并在 HTTP 协议的支持下运行。一个网站的第一个 Web 页称为主页或首页，主要体现这个网站的特点和服务项目。每一个 Web 页都有唯一的地址（URL）。

（二）超文本和超链接

超文本中不仅包含文本信息，而且可以包含图形、声音、图像和视频等多媒体信息，因此称之为"超"文本，更重要的是超文本中还包含着指向其他网页的链接，这种链接叫作超链接（Hyper Link）。在一个超文本文件里可以包含多个超链接，它们把分布在本地或远程服务器中的各种形式的超文本文件链接在一起，形成一个纵横交错的链接网络。用户可以打破传统阅读文本时顺序阅读的模式，而从一个网页跳转到另一个网页进行阅读。因此，可以说超文本是实现 Web 浏览的基础。

（三）统一资源定位器

WWW 用统一资源定位器（Uniform Resource Locator，URL）描述 Web 网页的地址和访问它时所用的协议。因特网上几乎所有功能都可以通过在 WWW 浏览器里输入 URL 地址，通过 URL 标识因特网中网页的位置来实现。

URL 的格式为"协议：//IP 地址或域名/路径/文件名"。其中，协议就是服务方式或获取数据的方法，常见的有 HTTP 协议、FTP 协议等；协议后的冒号加双斜杠表示接下来是存放资源的主机 IP 地址或域名；路径和文件名是用路径的形式表示 Web 页在主机中的具体位置（如文件夹、文件名等）。

（四）浏览器

浏览器是用于浏览 WWW 的工具，安装在客户端的机器上，是一种客户软件。它能够把用超文本标记语言描述的信息转换成便于理解的形式。此外，它还是用户与 WWW 之间的桥梁，把用户对信息的请求转换成网络上计算机能够识别的命令。浏览器有很多种，目前比较常用的 Web 浏览器是 Microsoft 公司的 Internet Explorer（IE）。

（五）电子邮件

1. 电子邮件概述

类似于生活中普通邮件的传递方式，电子邮件采用存储转发的方式进行传递。根据电子邮件地址（E-mail Address），电子邮件由网上多个主机合作实现存储转发，电子邮件从发信源节点出发，经过路径上若干个网络节点的存储和转发，最终被传送到目的邮箱。由于电子邮件通过网络传送，具有方便、快速、不受地域或时间限制、费用低廉等优点，很受广大用户欢迎。

要使用电子邮件服务，首先要拥有一个电子邮箱，每个电子邮箱应有唯一可识别的地址。电子邮箱是由提供电子邮件服务的机构为用户建立的。任何人都可以将电子邮件发送到某个电子邮箱中，但是只有电子邮箱的拥有者输入正确的用户名和密码，才能查看到 E-mail 的内容。

2. 电子邮件的使用

收发电子邮件可以直接在 Web 页面上进行：进入已申请电子邮箱的 Web 页面，如"https：//mail.qq.com"，使用用户名和密码登录后，即可收发电子邮件。

另外，也可以通过电子邮件软件客户端在本地收发电子邮件，而不必每次都登录网页。目前电子邮件软件的客户端很多，如 QQ 邮箱、网易邮箱等。虽然各软件的页面各有不同，但其操作方式是类似的。利用电子邮件软件客户端收发电子邮件，需要设置账号自动连接邮箱服务器。关于各类电子邮件软件客户端的使用方法，可参见各自的帮助信息。

第四章 计算机网络互联技术

第一节 网络互联概述

网络互联是指将分布在不同地理位置或采用不同低层协议的网络相连接，以构成更大规模的互联网络系统，实现互联网络资源的共享。

在网络互联时，有许多技术和方法可以选用，究竟选用什么样的技术和方法，可以根据需要和客观条件来决定。

要实现网络互联，需要满足的基本条件有以下几个：（1）在需要连接的网络之间提供至少一条物理链路，并对这条链路具有相应的控制规程，使之能建立数据交换的连接。（2）在不同网络之间具有合适的路由，以便能相互通信及交换数据。（3）可以对网络的使用情况进行监视和统计，以方便网络的维护和管理。

一、网络互联的定义与目的

（一）网络互联的定义

随着计算机应用技术和通信技术的飞速发展，计算机网络得到了更为广泛的应用，各种网络技术丰富多彩，令人目不暇接。

网络互联是指将分布在不同地理位置的网络、设备相连接，以构成更大规模的互联网络系统，实现互联网络中的资源共享。互联的网络和设备可以是同种类型的网络、不同类型的网络，以及运行不同网络协议的设备与系统。

在互联网络中，每个网络中的网络资源都应成为互联网中的资源。互联网络资源的共享服务与物理网络结构是分离的。对于网络用户来说，互联网络结构对用户是透明的。互联网络应该屏蔽各子网在网络协议、服务类型与网络管理等方面的差异。

如果要实现网络互联，就必须做到以下几点。

（1）在互联的网络之间提供链路，至少有物理线路和数据线路。

（2）在不同的网络节点的进程之间提供适当的路由来交换数据。

（3）提供网络记账服务，记录网络资源的使用情况。

（4）提供各种互联服务，应尽可能不改变互联网的结构。

（二）网络互联的目的

网络互联的主要目的如下：

（1）扩大资源共享的范围。使更多的资源可以被更多的用户共享。

（2）降低成本。当同一地区的多台主机需要接入另一地区的某个网络时，采用主机先行联网（局域网或者广域网），再通过网络互联技术接入，可以大大降低联网成本。

（3）提高安全性。将具有相同权限的用户主机组成一个网络，在网络互联设备上严格控制其他用户对该网络的访问，从而实现网络的安全机制。

（4）提高可靠性。部分设备的故障可能导致整个网络的瘫痪，而通过子网的划分可以有效地限制设备故障对网络的影响范围。

二、网络互联的动力与问题

随着局域网的发展和广泛应用，许多企、事业单位和部门都构建了自己的内部网（主要是局域网），网络的应用和区域内信息的共享促使用户有向外延伸的需求，否则，这些内部网可能就是一个"信息孤岛"，没有充分发挥作用。因此，网络互联是计算机网络发展和应用的必然要求。计算机网络互联是一个很复杂的过程，涉及多项技术，需要解决很多问题。

（一）系统标志问题

计算机网络把两个或更多的计算机用同一网络介质连接在一起，网络介质可以是线路、无线频率或任何其他通信介质。对此网络中的每个系统都必须有唯一的标志，否则一个系统无法与另一个系统通信。几乎所有传输都必须明确地寻址到一个特定系统，且所有传输都必须含有可识别的源地址，以便其响应（或出错报文）能正确地返回发送者。在一个计算机网络中，可以用多种方法为主机设定地址。例如，从1（或其他数字）开始，对所有主机连续编号，或为每台主机随机指派地址，或每台主机使用一个全球唯一的地址。这几种方法均有缺点。如果该网络不与其他网络合并，则为主机连续编号的方法没有问题。但实际上，各部门间的网络经常需要合并，整个机构也是如此。而使用随机地址的方法则带来了特定网络中或合并的网络间的唯一性问题。最后，每台主机使用全球唯一地址的方法虽然解决了地址重复问题，但需要一个中央授权机构来发放地址。目前，此问题已经解决，如我国的IP地址可由中国互联网信息中心（China Internet Network Information Center，CNNIC）授权发布。

（二）硬件接口设备地址关联问题

不同的硬件系统可以通过IP网络连接起来，这些硬件系统包括：①节点，即实现 IP 的任何设备；②路由器，即可以转发并非寻址到自己的数据的设备。也就是说，路由器可以接收发往其他地址的包并进行转发，这主要是由于路由器连接多个物理网络；③主机，即非路由器的任何网络节点。

实际上，对于绝大部分网络接口设备都有授权机构来确保每个接口设备制造商使用自己的地址范围，从而可以保证每个设备具备一个唯一号码。这意味着网络中的数据可以直接定向到与网络中每个系统使用的网络硬件接口关联的地址，这从根本上解决了网络中目的主机之间网络地址关联以便发送数据的问题。

（三）业务流跟踪和选路问题

如果所有网络都是同一种类型，如以太局域网，则网络互联很容易实现。连接局域网的方法之一是使用网桥，网桥将侦听两个网络上的业务流，如果发现有数据从一个网络传送到另一网络，它将该数据重传到目的网络。但是，连接较多局域网的复杂的互联网络很难处理，要求连接局域网的设备能够了解每个系统的地址和网络位置。即便是同一地点和同一网络上的系统，随着系统数量的增加，对业务流跟踪和选路的任务也较为困难。

三、网络互联的类型与层次

（一）网络互联的类型

网络互联的类型有局域网与局域网互联、局域网与广域网互联、局域网通过广域网与局域网互联、广域网与广域网互联。

（二）网络互联的层次

1. 物理层互联

只对比特信号进行波形整形和放大后再发送，可扩大一个网络的作用范围，通常没有管理能力。常用的设备有集线器和中继器。

2. 数据链路层互联

只在数据链路层对帧信息进行存储转发，对传输的信息具有较强的管理能力，在网络互联中起到数据接收、地址过滤与数据转发的作用，可以用来实现多个网络系统之间的数据交换。常用的设备有网桥和交换机。

3. 网络层互联

在网络层对数据包进行存储转发，对传输的信息具有很强的管理能力，解决路由选择、拥塞控制、差错处理和分段技术问题。常用的设备有路由器。

4. 网络层以上的互联

对传输层及传输层以上的协议进行转换，实际上是一个协议转换器，通常叫作网关，又称为网间连接器、信关或联网机。网关是中继系统中最复杂的一种，通过网关互联又叫作高层互联。

四、网络互联的实现方法

网络的互联有 3 种方法构建互联网，它们分别与 5 层实用参考模型的低 3 层一一对应。例如，用来扩展局域网长度的中继器（即转发器）工作在物理层，用它互联的两个局域网必须是一模一样的。因此，中继器提供物理层的连接并且只能连接一种特定体系的局域网。

在数据链路层，提供连接的设备是网桥和第 2 层交换机。这些设备支持不同的物理层并且能够互联不同体系结构的局域网，由于网桥和第 2 层交换机独立于网络协议，且都与网络层无关，这使得它们可以互联有不同网络协议（如 TCP/IP、IPX 协议）的网络。网桥和第 2 层交换机根本不关心网络层的信息，它通过使用硬件地址而非网络地址在网络之间转发帧来实现网络的互联。此时，由网桥或第 2 层交换机连接的两个网络组成一个互联网，可将这种互联网络视为单个的逻辑网络。对于在网络层的网络互联，所需要的互联设备应能够支持不同的网络协议（比如 IP、IPX 和 AppleTalk），并完成协议转换。用于连接异构网络的基本硬件设备是路由器。使用路由器连接的互联网可以具有不同的物理层和数据链路层。

在一个异构联网环境中，网络层设备还需要具备网络协议转换（Network Protocol Translation）功能。在网络层提供网络互联的设备之一是路由器。实际上，路由器是一台专门完成网络互联任务的计算机。它可以将多个使用不同的传输介质、物理编址方案或者帧格式的网络互联起来，利用网络层的信息（比如网络地址）将分组从一个网络路由到另一个网络。具体来说，它首先确定到一个目的节点的路径，然后将数据分组转发出去。支持多个网络层协议的路由器被称为多协议路由器。因此，如果一个 IP 网络的数据分组要转发到几个 Apple Talk 网络，两者之间的多协议路由器必须以适当的形式重建该数据分组以便 Apple Talk 网络的节点能够识别该数据分组。由于路由器工作在网络层，如果没有特意配置，它们并不转发广播分组。路由器使用路由协议来确定一条从源节点到特定目的地节点的最佳路径。

第二节　网络互联协议与设备

一、网络互联协议

TCP/IP 协议族是 Internet 所采用的协议族，是 Internet 的实现基础。IP

是 TCP/IP 协议族中网络层的协议，是 TCP/IP 协议族的核心协议。

（一）IP 协议数据报格式

目前因特网上广泛使用的 IP 协议为 IPv4。IPv4 的 IP 地址是由 32 位的二进制数值组成的。IPv4 协议的设计目标是提供无连接的数据报尽力投递服务。

随着网络和个人计算机市场的急剧扩大，以及个人移动计算设备的上网、网上娱乐服务的增加、多媒体数据流的加入，IPv4 内在的弊端逐渐明显。其 32 位的 IP 地址空间将无法满足因特网迅速增长的要求。不定长的数据报头域处理影响了路由器的性能提高。单调的服务类型处理和缺乏安全性要求的考虑以及负载的分段/组装功能影响了路由器处理的效率。

综上所述，对新一代互联网络协议的研究和实践已经成为世界性的热点，其相关工作也早已展开。围绕 IPng 的基本设计目标，以业已建立的全球性试验系统为基础，对安全性、可移动性、服务质量的基本原理、理论和技术的探索已经展开。IPv6 是因特网的新一代通信协议，在容纳 IPv4 的所有功能的基础上，增加了一些更为优秀的功能，其主要特点有以下几个。

扩展地址和路由的能力：IPv6 地址空间从 32 位增加到 128 位，确保加入 Internet 的每个设备的端口都可以获得一个 IP 地址，并且 IP 地址也定义了更丰富的地址层次结构和类型，增加了地址动态配置功能等。

简化了 IP 报头的格式：IPv6 对报头做了简化，将扩展域和报头分割开来，以尽量减少在传输过程中由于对报头处理而造成的延迟。尽管 IPv6 的地址长度是 IPv4 的 4 倍，但 IPv6 的报头却只有 IPv4 报头长度的 2 倍，并且具有较少的报头域。

支持扩展选项的能力：IPv6 仍然允许选项的存在，但选项并不属于报头的一部分，其位置处于报头和数据域之间。由于大多数 IPv6 选项在 IP 数据报传输过程中不由任何路由器检查和处理，因此，这样的结构提高了拥有选项的数据报通过路由器时的性能。IPv6 的选项可以任意长而不被限制在 40 字节，增加了处理选项的方法。

支持对数据的确认和加密：IPv6 提供了对数据确认和完整性的支持，并通过数据加密技术支持敏感数据的传输。

支持自动配置：IPv6 支持多种形式的 IP 地址自动配置，包括 DHCP（动态主机配置协议）提供的动态 IP 地址的配置。

支持源路由：IPv6 支持源路由选项，提高中间路由器的处理效率。

定义服务质量的能力：IPv6 通过优先级别说明数据报的信息类型，并通过源路由定义确保相应服务质量的提供。

IPv4 的平滑过渡和升级：IPv6 地址类型中包含了 IPv4 的地址类型。因此，执行 IPv4 和执行 IPv6 的路由器可以共存于同一网络中。

（二）IP 地址

在 Internet 上连接的所有计算机，从大型计算机到微型计算机都是以独立的身份出现，称它为主机。为了实现各主机之间的通信，每台主机都必须具有一个唯一的网络地址，就像每一个住宅都有唯一的门牌一样，才不至于在传输资料时出现混乱。

Internet 的网络地址是指连入 Internet 网络的计算机的地址编号。所以，在 Internet 网络中，网络地址唯一地标识一台计算机。

Internet 是由成千上万台计算机互相连接而成的。而要确认网络上的每一台计算机，靠的就是能唯一标识该计算机的网络地址，这个地址称为 IP（Internet Protocol 的简写）地址，即用 Internet 协议语言表示的地址。

IP 地址现在由因特网名称与号码指派公司 ICANN（Internet Corporation for Assigned Names and Numbers）进行分配。

IP 地址可识别网络中的任何一个子网络和计算机，而要识别其他网络或其中的计算机，则要根据这些 IP 地址的分类来确定。一般将 IP 地址划分为若干个固定类，每一类地址都由两个固定长度的字段组成，其中的一个字段是网络号，它标志主机（或路由器）所连接到的网络，而另一个字段则是主机号，它标志该主机（或路由器）。这种两级的 IP 地址可以记为：

IP 地址::=｛＜网络号＞，＜主机号＞｝

（三）子网和子网掩码

1. 子网

任何一台主机申请任何一个任何类型的 IP 地址之后，可以按照所希望的方式来进一步划分可用的主机地址空间，以便建立子网。为了更好地理解子网的概念，假设有一个 B 类地址的 IP 网络，该网络中有两个或多个物理网络，只有本地路由器能够知道多个物理网络的存在，并且进行路由选择，因特网中别的网络的主机和该 B 类地址的网络中的主机通信时，它把该 B 类网络当成一个统一的物理网络来看待。

如一个 B 类地址为 128.10.0.0 的网络由两个子网组成。除了路由器 R 外，因特网中的所有路由器都把该网络当成一个单一的物理网络对待。一旦 R 收到一个分组，它必须选择正确的物理网络发送。网络管理人员把其中一个物理网络中主机的 IP 地址设置为 128.10.1.X，另一个物理网络设置为 128.10.2.X，其中 X 用来标识主机。为了有效地进行选择，路由器 R 根据目的地址的第三个十进制数的取值来进行路由选择，如果取值为 1 则送往标记为 128.10.1.0 的网络，如果取值为 2 则送给 128.10.2.0。

使用子网技术，原先的 IP 地址中的主机地址被分成子网地址部分和主机地址部分两个部分。子网地址部分和不使用子网标识的 IP 地址中的网络号一样，用来标识该子网，并进行互联的网络范围内的路由选择，而主机地址部分标识是属于本地的哪个物理网络以及主机地址。子网技术使用户可以更加方便、更加灵活地分配 IP 地址空间。

2. 子网掩码

IP 协议标准规定：每一个使用子网的网点都选择一个 32 位的位模式，若位模式中的某位为 1，则对应 IP 地址中的某位为网络地址（包括类别、网络地址和子网地址）中的一位；若位模式中某位置为 0，则对应 IP 地址中的某位为主机地址中的一位。子网掩码与 IP 地址结合使用，可以区分出一个网络地址的网络号和主机号。

例如，位模式 11111111.11111111.00000000.00000000（255.255.0.0）中，前两个字节全为 1，代表对应 IP 地址中最高的两个字节为网络号，后两个字节全 0，代表对应 IP 地址中最后的一个字节为主机地址。这种位模式叫做"子网掩码"。

为了使用方便，常常使用"点分整数表示法"来表示一个子网掩码。由此可以得到 A、B、C 等三大类 IP 地址的标准子网掩码。

A 类地址：255.0.0.0

B 类地址：255.255.0.0

C 类地址：255.255.255.0

例如，已知一个 IP 地址为 202.168.73.5，其缺省的子网掩码为 255.255.255.0。求其网络号及主机号。

首先，将 IP 地址 202.168.73.5 转换为二进制 11001010.10101000.01001001.00000101。其次，将子网掩码 255.255.255.0 转换为二进制 11111111.11111111.11111111.00000000。

然后将两个二进制数进行逻辑与（and）运算，得出的结果即为网络号。结果为：202.168.73.0。

最后，将子网掩码取反再与二进制的 IP 地址进行逻辑与运算，得出的结果即为主机号。结果为：0.0.0.5，即主机号为 5。

应用子网掩码可将网络分割为多个 IP 路由连接的子网。从划分子网之后的 IP 地址结构可以看出，用于子网掩码的位数决定可能的子网数目和每个子网内的主机数目。在定义子网掩码之前，必须弄清楚网络中使用的子网数目和主机数目，这有助于今后当网络主机数目增加后，重新分配 IP 地址的时间，子网掩码中如果设置的位数使得子网越多，则对应的其网段内的主机数就越少。

主机 ID 中用于子网分割的三位共有 000、001、010、011、100、101、110、111 等 8 种组合，除去不可使用的（代表本身的）000 及代表广播的 111 外，还剩余 6 种组合，也就是说，它共可提供 6 个子网。而每个子网都可以最多支持 30 台主机，可以满足构建需求。

二、网络互联设备

（一）物理层网络互联的设备

1. 中继器

在以太网中，由于网卡芯片驱动能力的限制，单个网段的长度只能限制在 100m，为扩展网络的跨度，就用中继器将多个网段连接起来成为一个网络。由于受 MAC 协议的定时特性限制，扩展网络时使用的中继器的个数是有限的。在共享介质的局域网中，最多只能使用 4 个中继器，将网络扩展到 5 个网段的长度。

中继器主要用于扩展传输距离，其功能是把从一条电缆上接收的信号再生，并发送到另一条电缆上。中继器能够把不同传输介质的网络连在一起，但一般只用于数据链路层以上相同局域网的互联，它不能连接两种不同介质访问类型的网络（如令牌环网和以太网之间不能使用中继器互联）。中继器只是一个纯硬件设备，工作在物理层，对高层协议是透明的。因此它只是一个网段的互联设备，而不是网络的互联设备。

2. 集线器

集线器是具有集线功能多端口的以太网中继器。由于交换机的发展，集线器已经被淘汰。

（二）数据链路层互联设备

1. 网桥

网桥是数据链路层上实现不同网络互联的设备，以接收、存储、地址过滤和转发的方式实现互联网之间的通信，能够互联两个采用不同数据链路层协议、不同传输介质和不同传输速度的网络，分隔两个网络之间的广播通信量，改善互联网络的性能和安全性。网桥需要互联的网络在数据链路层上采用相同的协议。

2. 交换机

二层交换机（如果没有特殊申明，交换机就是指二层交换机）工作在数据链路层，交换机可以在网络中提供和网段间的帧交换，解决带宽缺乏引起的性能问题，并提高网络的总带宽，在端到端的基础上将局域网的各段及各独立站点连接起来，把网络分割成较小的冲突域。交换机的主要特征有以下几个：
(1) 交换机为每一个独立的端口提供全部的 LAN 介质带宽。(2) 交换机会在开机后构造一张 MAC 地址与端口对照表，通过比较数据帧中的目的地址与对照表，将数据帧转发到正确的端口。若收到的数据帧的目的地址不在对照表中，则用广播的方式转发。(3) 交换机可以在同一时刻建立多个并发的连接，同时转发多个帧，从而达到带宽倍加的效果。

由于交换机优良的性能，它极大地提高了局域网的效率，在局域网组网和互联时已必不可少，但是，它也存在不能隔离广播等问题。因此，引入了三层交换技术，进一步改善互联网络的性能和安全性。

3. 网络层互联设备

路由器工作在网络层，是对数据包进行操作，利用数据头中的网络地址与它建立的路由表比较来进行寻址。路由器可以用于局域网与局域网互联、局域网与广域网互联及局域网通过广域网与局域网互联。如果互联的局域网高层采用不同的协议，则需要使用多协议路由器。

4. 网关

网关用于互联异构网络，网关通过使用适当的硬件和软件来实现不同协议之间的转换功能。

异构网络是指不同类型的网络，这些网络至少从物理层到网络层的协议都不同，甚至从物理层到应用层所有各层对应层次的协议都不同。因此，在网关中至少要进行网络层及其以下各层的协议转换。

(三) 路由器和网关的概念

当连接多个网段的主机时，需要使用路由器。路由器分硬件路由器和软件路由器（运行路由软件的主机）两类，其工作原理是相同的，但我们平时所说的路由器一般指硬件路由器。

路由器有两个或两个以上的接口，接口须配置 IP 地址，且接口 IP 地址不能位于同一网段，因为路由器的每个接口必须连接不同的网络，各网络中的主机网关就是路由器相应的接口 IP 地址。路由器在网络中的作用就像交通图中的交换指示牌，用于告诉主机数据是如何通信的。

路由器由于要连接多个网段（网络），所以路由器一般有多个网络接口，这些网络接口除常见的 RJ－45 口外，也可能是接广域网专线的高速同/异步口、接 ISDN 专线的 ISDN 口等。

路由器可以用于局域网与局域网互联、局域网与广域网互联及局域网通过广域网与局域网互联，它是一个物理设备。一般局域网的网关就是路由器的 IP 地址，是一个网络连接到另一个网络的"关口"。

网关（Gateway）又称网间连接器、协议转换器。默认网关在网络层上实现网络互联，是最复杂的网络互联设备，仅用于两个高层协议不同的网络互联。网关的结构也和路由器类似，不同的是互联层。网关既可以用于广域网互联，也可以用于局域网互联。

那么网关到底是什么呢？网关实质上是一个网络通向其他网络的 IP 地址。例如，有网络 A 和网络 B，网络 A 的 IP 地址范围为 192.168.1.1～192.168.1.254，子网掩码为 255.255.255.0；网络 B 的 IP 地址范围为 192.168.2.1～192.168.2.254，子网掩码为 255.255.255.0。在没有路由器的情况下，两个网络之间是不能进行 TCP/IP 通信的，即使是两个网络连接在同一台交换机（或集线器）上，TCP/IP 协议也会根据子网掩码（255.255.255.0）判定两个网络中的主机处在不同的网络里。而要实现这两个网络之间的通信，则必须通过网关。如果网络 A 中的主机发现数据包的目的主机不在本地网络中，就把数据包转发给它自己的网关，再由网关转发给网络 B 的网关，网络 B 的网关再转发给网络 B 的某个主机。这就是网络 A 向网络 B 转发数据包的过程。

所以说，只有设置好网关的 IP 地址，TCP/IP 协议才能实现不同网络之间的相互通信。那么这个 IP 地址是哪台机器的 IP 地址呢？网关的 IP 地址是具有路由功能的设备的 IP 地址，具有路由功能的设备有路由器、启用了路由协议的服务器（实质上相当于一台路由器）、代理服务器（也相当于一台路由器），在实际的企业网中，各个 VLAN 的网关通常是一台三层交换机的逻辑三层 VLAN 接口来充当。

（四）路由器的主要功能

路由是指把数据从一个地方传送到另一个地方的行为和动作，而路由器正是执行这种行为动作的机器，它的英文名称为 Router，是一种连接多个网络或网段的网络设备，它能将不同网络或网段之间的数据信息进行"翻译"，以使它们能够相互"读懂"对方的数据，从而构成一个更大的网络。

简单来讲，路由器主要有以下几种功能：

1. 网络互联

路由器支持各种局域网和广域网接口，主要用于互联局域网和广域网，实现不同网络互相通信。

2. 数据处理

提供包括分组过滤、分组转发、优先级、复用、加密、压缩和防火墙等功能。

3. 网络管理

路由器提供包括配置管理、性能管理、容错管理和流量控制等功能。

为了完成路由的工作，在路由器中保存着各种传输路径的相关数据路由表（Routing Table），供路由选择时使用。路由表中保存着子网的标志信息、网上路由器的个数和下一个路由器的名称等内容。路由表可以是由系统管理员固定设置好的，也可以由系统动态修改；可以由路由器自动调整，也可以由主机控制。在路由器中涉及两个有关地址的名称概念，即静态路由表和动态路由表。由系统管理员事先设置好的固定的路由表称为静态（static）路由表，一般是在系统安装时就根据网络的配置情况预先设定的，它不会随未来网络结构的改变而改变。动态（dynamic）路由表是路由器根据网络系统的运行情况而自动调整的路由表。路由器根据路由选择协议（Routing Protocol）提供的功能，自动学习和记忆网络运行情况，在需要时自动计算数据传输的最佳路径。

第三节　路由选择协议

一、路由算法

路由选择协议的核心就是路由算法，即需要何种算法来获得路由表中的各项目。一个理想的路由算法应具有以下一些特点。

算法必须是正确的和完整的。这里"正确"的含义是：沿着各路由表所指引的路由，分组一定能够最终到达的目的网络和目的主机。

算法在计算上应简单。进行路由选择的计算必然要增加分组的时延。因此，路由选择的计算不应使网络通信量增加太多的额外开销。若为了计算合适的路由必须使用网络其他路由器发来的大量状态信息时，开销就会过大。

算法应能适应通信量和网络拓扑的变化，即要有自适应性。当网络中的通信量发生变化时，算法能自适应地改变路由以均衡各链路的负载。当某个或某些节点、链路发生故障不能工作，或者修理好了再投入运行时，算法也能及时地改变路由。有时称这种自适应性为"稳健性"（Robustness）。

算法应具有稳定性。在网络通信量和网络拓扑相对稳定的情况下，路由算法应收敛于一个可以接受的解，而不应使得出的路由不停地变化。

算法应是公平的。即算法应对所有用户（除对少数优先级高的用户）都是平等的。例如，若使某一对用户的端到端时延为最小，但却不考虑其他的广大用户，这就明显地不符合公平性的要求。

算法应是最佳的。这里的"最佳"是指以最低的代价实现路由算法。这里特别需要注意的是，在研究路由选择时，需要给每一条链路指明一定的代价（Cost）。这里的"代价"并不是指"钱"，而是由一个或几个因素综合决定的一种度量（Metric），如链路长度、数据率、链路容量、是否要保密、传播时延等，甚至还可以是一天中某一个小时内的通信量、节点的缓存被占用的程度、链路差错率等。可以根据用户的具体情况设置每一条链路的"代价"。

由此可见，不存在一种绝对的最佳路由算法。所谓"最佳"只能是相对于某一种特定要求下得出的较为合理的选择而已。

一个实际的路由选择算法，应尽可能接近于理想的算法。在不同的应用条件，对以上提出的 6 个方面也可有不同的侧重。

应当指出，路由选择是个非常复杂的问题，因为它是网络中的所有节点共同协调工作的结果。其次，路由选择的环境往往是不断变化的，而这种变化有时无法事先知道，例如，网络中出了某些故障。此外，当网络发生拥塞时，就特别需要有能缓解这种拥塞的路由选择策略，但恰好在这种条件下，很难从网络中的各节点获得所需的路由选择信息。

如果从路由算法能否随网络的通信量或拓扑自适应地进行调整变化来划分，则只有两大类，即静态路由选择策略和动态路由选择策略。

（一）静态路由

静态路由又称为非自适应路由选择，是指在路由器中设置固定的路由表，除非管理员干预，否则静态路由不会发生变化，由于静态路由不能对网络的改变做出反应，一般用于网络规模不大，拓扑结构固定的网络中。

静态路由选择的优点有以下几点：

（1）不需要动态路由选择协议，减少了路由器的日常开销。

（2）在小型互联网络上很容易配置。

（3）可以控制路由选择。

总起来说，静态路由的优点是简单、高效、可靠，在所有的路由中，静态路由优先级别最高。当动态路由和静态路由发生冲突时，以静态路由为准。

（二）动态路由

动态路由又称自适应路由。动态路由是由路由器从其他路由器中周期性地获得路由信息而生成的，具有根据网络链路的状态变化自动修改更新路由的能力，具有较强的容错能力。这种能力是静态路由所不具备的。同时，动态路由比较多地应用于大型网络，因为使用静态路由管理大型网络的工作过于繁琐且容易出错。

动态路由也有多种实现方法。目前在 TCP/IP 协议中使用的动态路由主要分为两种类型：距离矢量路由选择协议（Distance－Vector Routing Protocol）和链路状态路由协议（Link－State Routing Protocol）。

1. 距离矢量路由选择协议

距离矢量路由选择协议也称为Bellman－Ford算法，它使用到远程网络的距离去求最佳路径。每经过一个路由器为一跳，到目的网络最少跳数的路由被确定为最佳路由。

路由信息协议（RIP）和内部网关路由协议（IGRP）就使用这种算法。

距离矢量路由算法定期向相邻路由器发送自己完整的路由表，相邻路由器将收到的路由表与自己的合并以更新自己的路由表，称为流言路由（Rumor），因为收到来自相邻路由器的信息后，路由器本身并没有亲自发现就相信有关远程网络的信息。更新后，它向所有邻居广播整个路由表。

一个网络可能有多条链路到达同一个远程网络。如果这样，首先检查管理距离，如果相等，就要用其他度量方法来确定选用哪条路。路由信息协议仅使用跳步数来确定到达远程网络的最佳路径，如果发现小止一条链路到达同一目的网络且又跳相同步数，那么就自动执行循环负载平衡。通常可以为6个等开销链路执行负载平衡。

距离矢量路由协议通过广播路由表来跟踪网络的改变，占用CPU进程和链路的带宽。由于距离矢量路由选择算法的本质是每个路由器根据它从其他路由器接收到的信息而建立它自己的路由选择表，当网络对一个新配置的收敛反应比较慢，从而引起路由选择条目不一致时，就会产生路由环路。

一个路由器从相邻路由器收到更新信息，指示原先一个可达的网络现在不可达。该路由器将这条路由标记为不可达，同时启动一个抑制定时器（Hold－Down Timer），在期满前任何时刻，从相同的相邻路由器收到更新信息，指示网络重新可达，这时，路由器会重新标记这条路由为可达，同时，卸下抑制定时器。

如果从另一个邻居路由器收到更新信息，指示一条比以前路径跳数更少的路径，则路由器把该网络标记为可达，同时卸下抑制定时器。

在抑制定时器期满前的任何时刻，任何另外的邻居路由器指示一条不如以前的路径，都会被忽略。

2. 链路状态路由协议

基于链路状态的路由选择协议，也被称为最短路径优先算法（SPF）。距离矢量算法没有关于远程网络和远端路由器的具体信息，而链路状态路由选择算法保留远程路由器以及它们之间是如何连接的等全部信息。

每个链路状态路由器提供关于它邻接的拓扑结构的信息，包括它所连接的网段（链路），以及链路的情况（状态）。

链路状态路由器，将这个信息或改动部分向它的邻居们发送呼叫消息，称为链路状态数据包（LSP）或链路状态通告（LSA），然后，邻居将 LSP 赋值到它们自己的路由选择表中，并传递那个信息到网络的其余部分，这个过程称为"泛洪（Flooding）"。

这样，每个路由器并行地构造一个拓扑数据库，数据库中有来自互联网的 LSA。

SPF 算法计算网络的可达性，挑出代价最小的路径，生成一个由自己作为树根的 SPF 树。

路由器根据 SPF 树建立一个到每个网络的路径和端口的路由选择表。

链路状态路由选择协议中最复杂和最重要的是要确保所有路由器得到所有必要的 LSA 数据包，拥有不同 LSA 数据包的路由器会基于不同拓扑计算路由，那么各个路由器关于同一链路信息不一致会导致网络不可达。

二、内部网关协议

前面介绍的距离矢量路由选择协议和链路状态路由协议都工作在一个自治系统（Autonomous System，简称 AS。一个自治系统通常是指一个网络管理区域）。根据路由协议工作的范围可以将动态路由协议划分为内部网关协议（Interior Routing Protocol）和外部网关协议（Exterior Routing Protocol）。所以，距离矢量路由选择协议和链路状态路由协议都属于内部网关协议。

常见的内部网关协议有：基于距离矢量路由选择算法的路由信息协议（Routing Information Protocol，RIP）和基于链路状态路由选择算法的开放式最短路径优先协议（Open Shortest Path First，OSPF）。

（一）路由信息协议

1. 工作原理

路由信息协议（Routing Information Protocol，RIP）是内部网关协议 IGP 中最先得到广泛应用的协议。RIP 是一种分布式的基于距离矢量的路由选择协议，是因特网的标准协议。

RIP 通过 UDP 报文交换路由信息，每隔 30s 向外发送一次更新报文。如果路由器经过 180s 没有收到更新报文，则将所有来自其他路由器的路由信息标记为不可达，若在其后的 130s 内仍未收到更新报文，就将这些路由从路由表中删除。

RIP 协议要求网络中的每一个路由器都要维护从它自己到其他每一个目的网络的距离记录。在这里，"距离"的意义是：源主机到目的主机所经过的路由器的数目。因此，从一路由器到直接连接的网络的距离为0。从一个路由器到非直接连接的网络的距离定义为所经过的路由器数加1。

RIP协议中的"距离"也称为"跳数"（Hop Count），因为每经过一个路由器，跳数就加1。RIP认为一个好的路由就是它通过的路由器的数目少，即"距离短"。即RIP衡量路由好坏的标准是信息转发的次数（所经过的路由器的数目）。但有时这未必是最好的，因为有可能存在这样一种情况：所经过的路由器数目多一些，但信息传输的效率更高，速度更快。这就像开车有的路段比较短，但堵车严重，若绕道，尽管走的路长一些，也会更快地到达目的地。

RIP允许一条路径最多只能包含15个路由器，"距离"的最大值为16时，即相当于不可达，可见RIP只适用于小型互联网。RIP不能在两个网络之间同时使用多条路由。RIP选择一个具有最少路由器的路由（即最短路由），哪怕还存在另一条高速（低时延）但路由器较多的路由。

所以，路由表中最主要的信息就是：到达本自治系统某个网络的最短距离和下一跳路由器的地址。那么，RIP采取一种什么机制使得每个路由器都知道到达本自治系统任意网络的最短距离和下一跳路由器的地址呢，即如何来构建自己的路由表呢？

RIP协议有如下规定：

仅和相邻路由器交换信息，不相邻的路由器不交换信息。

交换的信息是当前本路由器所知道的全部信息，即自己的路由表。也就是说，一个路由器把它自己知道的路由信息转告给与它相邻的路由器。主要信息包括到某个网络的最短距离和下一跳路由器的地址。

按固定的时间间隔交换路由信息，例如，每隔30s。然后路由器根据收到的路由信息更新路由表，保证自己到目的网络的距离是最短的。当网络拓扑结构发生变化时，路由器能及时地得知最新的信息。

RIP作为IGP协议的一种，通过这些机制使路由器了解到整个网络的路由信息。

2. 应用环境与存在的问题

（1）收敛问题

收敛是所有的路由器使它们的路由选择信息表同步的过程，或者某个路由选择信息的变换反映到所有路由器中所需要的时间。收敛过程越快，路由选择表的准确性就越高，它会提高网络的效率。如果互联网络的拓扑结果永远不会发生变化，则收敛不会成为一个问题。然而，网络上可能会出现多种改变：加入新的跳、加入路由器、路由器接口故障、整个路由器出现故障，带宽分配改变，网络链路的网络带宽改变，路由器CPU使用情况的增加或减少。所有这些条件都可以改变一个路由选择协议如何选择最佳路由。快速收敛也避免路由循环。

距离向量路由器定期向相邻的路由器发送它们的整个路由选择表。距离相邻路由器在从相邻路由器接收到的信息的基础之上建立自己的路由选择信息表；然后，将信息传递到它的相邻路由器。当在互联网络上无法使用某个路由时，距离向量路由器将通过路由变化或者网络链路寿命而获知这种变化。和故障链路相邻的路由器将在整个网络上发送"路由改变传输"（或者"路由无效"）消息。寿命将在所有的路由选择信息中设置。当无法使用某个路由，并且并没有用新信息向网络发出这个信息时，距离向量路由选择算法在那个路由上设置一个寿命计时器。当路由达到寿命计时器的终点时，它将从路由选择表中删除。寿命计时器根据所使用的路由选择协议不同而不同。

无论使用何种类型的路由选择算法，互联网络上的所有路由器都需要时间以更新它们的路由选择表，这个过程称为聚合。因而，在距离向量路由选择中，聚合包括以下过程。

①每个路由器接收到更新的路由选择信息。

②每个路由器用它自己的信息（例如，加入一个跳）更新其度。

③每个路由器更新它自己的路由选择信息表。

④每个路由器向它的邻居广播新信息。

距离向量路由选择是最古老的一种路由选择协议算法。正如前面说明的，算法的本质就是，每个路由器根据它从其他路由器接收到的信息而建立它自己的路由选择表。这意味着，当路由器在它们的表格中使用第2手信息时，至少会遇到一个问题，即无限问题的数量。无限问题的数量就是一个路由选择循环，它是由距离向量路由选择协议在某个路由器出现"故障"，或者因为别的原因而无法在网络上使用时，使用第2手信息造成的。

（2）路由选择环路

任何距离向量路由选择协议（如 RIP）都会面临同一个问题，即路由器不了解网络的全局情况。路由器必须依靠相邻路由器来获取网络的可达信息。由于路由选择更新信息在网络上传播慢，距离向量路由选择算法有一个慢收敛问题，这个问题将导致不一致性。RIP 使用以下机制减少因网络上的不一致带来的路由选择环路的可能性：计数到无穷大、水平分割、保持计数器、破坏逆转更新和触发更新。

（二）开放式最短路径优先协议

1. 工作原理

开放式最短路径优先（Open Shortest Path First，OSPF）是为了克服

RIP 的缺点在 1989 年被开发出来的。OSPF 的原理很简单，但实现起来却较复杂。"开放"表明 OSPF 协议不是受某一家厂商控制，而是公开发表的。"最短路径优先"是因为使用了 Dijkstra 提出的最短路径算法 SPF。OSPF 的第二个版本 0SPF3 已成为因特网标准协议。

需要注意的是，OSPF 只是一个协议的名字，它并不表示其他的路由选择协议不是"最短路径优先"。实际上，所有的在自治系统内部使用的路由选择协议（包括 RIP 协议）都是要寻找一条最短的路径。

OSPF 最主要的特征就是使用分布式的链路状态协议，而不是像 RIP 那样的距离矢量协议。与 RIP 协议相比，OSPF 的 3 个要点和 RIP 的都不一样。

向本自治系统中所有路由器发送信息（RIP 协议是仅仅向自己相邻的几个路由器发送信息）。这里使用的方法是洪泛法，这就是路由器通过所有输出端口向所有相邻的路由器发送信息。而每一个相邻路由器又再将此信息发往其所有的相邻路由器（但不再发送给刚刚发来信息的那个路由器）。这样，最终整个区域中所有的路由器都得到了这个信息的一个副本。

发送的信息就是与本路由器相邻的所有路由器的链路状态，但这只是路由器所知道的部分信息（RIP 协议发送的信息是"到所有网络的距离和下一跳路由器"）。所谓"链路状态"就是说明本路由器都和哪些路由器相邻，以及该链路的"度量"。OSPF 将这个"度量"用来表示费用、距离、时延、带宽等。这些都由网络管理人员来决定，因此，较为灵活。有时为了方便就称这个度量为"代价"。

只有当链路状态发生变化时，路由器才用洪泛法向所有路由器发送此信息（RIP 协议是不管网络拓扑有无发生变化，路由器之间都要定期交换路由表的信息）。

由于各路由器之间频繁地交换链路状态信息，因此，所有的路由器最终都能建立一个链路状态数据库，OSPF 的链路状态数据库能较快进行更新，使各个路由器能及时更新其路由表。

OSPF 规定，每两个相邻路由器每隔 10s 要交换一次问候分组，这样就能确切知道哪些邻站是可达的。对相邻路由器来说，"可达"是最基本的要求，因为只有可达邻站的链路状态信息才存入链路状态数据库（路由表就是根据链路状态数据库计算出来的）。

在正常情况下，网络中传送的绝大多数 OSPF 分组都是问候分组。若有 40s 没有收到某个相邻路由器发来的问候分组，则认为该相邻路由器是不可达的，应立即修改链路状态数据库，并重新计算路由表。

2. 网络拓扑结构

OSPF 有 4 种网络类型或模型（广播式、非广播式、点到点和点到多点），根据网络的类型不同，OSPF 工作方式也不同，掌握 OSPF 在各种网络模型上如何工作很重要，特别是在设计一个稳定的强有力的网络时。

三、外部网关协议

20 世纪 90 年代，公布了新的外部网关协议——边界网关协议 BGP。BGP 是不同自治系统的路由器之间交换路由信息的协议。BGP 的较新版本是 BGP－4，其已成为因特网草案标准协议。这里将 BGP－4 简写为 BGP。

在不同自治系统之间的路由选择之所以不使用前面讨论的内部网关协议，主要有以下几个原因。

因特网的规模太大，使得自治系统之间路由选择非常困难。连接在因特网主干网上的路由器，必须对任何有效的 IP 地址都能在路由表中找到匹配的目的网络。

目前主干网路由器中的路由表的项目数早已超过了 5 万个网络前缀。这些网络的性能相差很大。如果用最短距离（即最少跳数）找出来的路径，可能并不是应当选用的路径。例如，有的路径的使用代价很高或很不安全。如果使用链路状态协议，则每一个路由器必须维持一个很大的链路状态数据库。对于这样大的主干网用 Dijkstra 算法计算最短路径时花费的时间也太长。

对于自治系统之间的路由选择，要寻找最佳路由是很不现实的。由于各自治系统是运行自己选定的内部路由选择协议，使用本自治系统指明的路径度量，因此，当一条路径通过几个不同的自治系统时，要想对这样的路径计算出有意义的代价是不可能的。例如，对某个自治系统来说，代价为 1000 可能表示一条比较长的路由。但对另一个自治系统代价为 1000 却可能表示不可接受的坏路由。因此，自治系统之间的路由选择只可能交换"可达性"信息（即"可到达"或"不可到达"）。

系统之间的路由选择必须考虑有关策略。例如，自治系统 A 要发送数据报到自治系统 B，同本来最好是经过自治系统 C。但自治系统 C 不愿意让这些数据报通过本系统的网络，另一方面，自治系统 C 愿意让某些相邻的自治系统的数据报通过自己的网络，尤其是对那些付了服务费的某些自治系统更是如此。

自治系统之间的路由选择协议应当允许使用多种路由选择策略。这些策略包括政治、安全或经济方面的考虑。例如，我国国内的站点在互相传送数据报时不应经过国外兜圈子，尤其是不要经过某些对我国的安全有威胁的国家。这些策略都是由网络管理人员对每一个路由器进行设置的,但这些策略并不是自治系统之间的路由选择协议本身。

由于上述情况,边界网关协议 BGP 只能是力求寻找一条能够到达目的网络且比较好的路由(不能兜圈子),而并非要寻找一条最佳路由。BGP 采用了路径矢量路由选择协议,它与距离矢量协议和链路状态协议都有很大的区别。

在配置 BGP 时,每一个 AS 的管理员要至少选择一个路由器作为该 AS 的"BGP 发言人"。一个 BGP 发言人通常就是 BGP 边界路由器。一个 BGP 发言人负责与其他自治系统中的 BGP 发言人交换路由信息。

一个 BGP 发言人与其他自治系统中的 BGP 发言人要交换路由信息,就要先建立 TCP 连接,然后在此连接上交换 BGP 报文以建立 BGP 会话(Session),利用 BGP 会话交换路由信息。使用 TCP 连接能提供可靠的服务,也简化了路由选择协议。即 BGP 报文用 TCP 封装后,采用 IP 报文传送。

各 BGP 发言人根据所采用的策略从收到的路由信息中找到各 AS 的较好路由。它们传递的信息表明"到某个网络可经过某个自治系统"。

从上面的讨论可知,BGP 协议有如下几个特点:BGP 协议交换路由信息的节点数量级是自治系统数的量级,这要比这些自治系统中的网络数少很多。在每一个自治系统中 BGP 发言人(或边界路由器)的数目是很少的,这样就使得自治系统之间的路由选择不致过分复杂。BGP 支持 CIDR,因此,BGP 的路由表也就应当包括目的网络前缀、下一跳路由器,以及到达该目的网络所要经过的各个自治系统序列。在 BGP 刚刚运行时,BGP 的邻站要更新整个的 BGP 路由表,但以后只需要在发生变化时更新有变化的部分,这样做对节省网络带宽和减少路由器的处理开销都有好处。

第五章 计算机网络攻防技术

第一节 防火墙安全

一、防火墙的概念

防火墙是一种网络安全保障手段,是用来阻挡外部不安全因素影响的内部网络屏障,其主要目标就是通过控制入、出一个网络的权限,并迫使所有的连接都经过这样的检查,防止外部网络用户未经授权的访问,防止需要保护的网络遭到外界因素的干扰和破坏。防火墙是一种计算机硬件和软件的结合,使 Internet 与 Internet 之间建立起一个安全网关(Security Gateway),从而保护内部网免受非法用户的侵入。在逻辑上,防火墙是一个分离器,一个限制器,也是一个分析器,有效地监视了内部网络和 Internet 之间的任何活动,保证了内部网络地安全;在物理实现上,防火墙是位于网络特殊位置的一组硬件设备路由器、计算机或其他特制的硬件设备。防火墙可以是独立的系统,也可以在一个进行网络互联的路由器上实现防火墙。用防火墙来实现网络安全必须考虑防火墙的网络拓扑结构。

二、防火墙的类型

从实现原理上来划分,防火墙的技术包括四大类:网络级防火墙(也叫包过滤型防火墙)、应用级网关、电路级网关和规则检查防火墙。它们之间各有所长,具体使用哪一种或是否混合使用,要看具体需要。

(一)网络级防火墙

一般是基于源地址和目的地址、应用、协议以及每个 IP 包的端口来做出通过与否的判断。一个路由器便是一个"传统"的网络级防火墙,大多数的路由器都能通过检查这些信息来决定是否将所收到的包转发,但它不能判断出一个 IP 包来自何方,去向何处。防火墙检查每一条规则直至发现包中的信息与某规则相符。如果没有一条规则能符合，防火墙就会使用默认规则，一般情况下，默认规则就是要求防火墙丢弃该包。其次，通过定义基于 TCP 或 UDP 数据包的端口号，防火墙能够判断是否允许建立特定的连接，如 Telnet、FTP 连接。

（二）应用级网关

应用级网关能够检查进出的数据包，通过网关复制传递数据，防止在受信任服务器和客户机与不受信任的主机间直接建立联系。应用级网关能够理解应用层上的协议，能够做复杂一些的访问控制，并做精细的注册和稽核。它针对特别的网络应用服务协议即数据过滤协议，并且能够对数据包分析并形成相关的报告。应用网关对某些易于登录和控制所有输出、输入的通信的环境给予严格的控制，以防有价值的程序和数据被窃取。在实际工作中，应用网关一般由专用工作站系统来完成。但每一种协议需要相应的代理软件，使用时工作量大，效率不如网络级防火墙。应用级网关有较好的访问控制，是最安全的防火墙技术，但实现困难，而且有的应用级网关缺乏"透明度"。在实际使用中，用户在受信任的网络上通过防火墙访问 Internet 时，经常会发现存在延迟并且必须进行多次登录（Login）才能访问 Internet 或 Intranet。

（三）电路级网关

电路级网关用来监控受信任的客户或服务器与不受信任的主机间的 TCP 握手信息，这样来决定该会话（Session）是否合法，电路级网关是在 OSI 模型中会话层上来过滤数据包，这样比包过滤防火墙要高两层。电路级网关还提供一个重要的安全功能：代理服务器（Proxy Server）。代理服务器是设置在 Internet 防火墙网关的专用应用级代码。这种代理服务准许网管员允许或拒绝特定的应用程序或一个应用的特定功能。包过滤技术和应用网关是通过特定的逻辑判断来决定是否允许特定的数据包通过，一旦判断条件满足，防火墙内部网络的结构和运行状态便"暴露"在外来用户面前，这就引入了代理服务的概念，即防火墙内外计算机系统应用层的"链接"由两个终止于代理服务的"链接"来实现，这就成功地实现了防火墙内外计算机系统的隔离。同时，代理服务还可用于实施较强的数据流监控、过滤、记录和报告等功能。代理服务技术主要通过专用计算机硬件（如工作站）来承担。

（四）规则检查防火墙

该防火墙结合了包过滤防火墙、电路级网关和应用级网关的特点。它同包过滤防火墙一样，规则检查防火墙能够在 OSI 网络层上通过 IP 地址和端口号，过滤进出的数据包。它也像电路级网关一样，能够检查 SYN 和 ACK 标记和序列数字是否逻辑有序。当然它也像应用级网关一样，可以在 OSI 应用层上检查数据包的内容，查看这些内容是否能符合企业网络的安全规则。规则检查防火墙虽然集成前三者的特点，但是不同于一个应用级网关的是，它并不打破客户机/服务器模式来分析应用层的数据，它允许受信任的客户机和不受信任的主机建立直接连接。规则检查防火墙不依靠与应用层有关的代理，而是依靠某种算法来识别进出的应用层数据，这些算法通过已知合法数据包的模式来比较进出数据包，这样从理论上就能比应用级代理在过滤数据包上更有效。

三、防火墙的体系结构

（一）双重宿主主机体系结构

双重宿主主机是一种防火墙，这种防火墙主要有 2 个接口，分别连接着内部网络和外部网络，位于内外网络之间，阻止内外网络之间的 IP 通信，禁止一个网络将数据包发往另一个网络。两个网络之间的通信通过应用层数据共享和应用层代理服务的方法来实现，一般情况下都会在上面使用代理服务器，内网计算机想要访问外网的时候，必须先经过代理服务器的验证。这种体系结构是存在漏洞的，比如双重宿主主机是整个网络的屏障，一旦被黑客攻破，那么内部网络就会对攻击者敞开大门，所以一般双重宿主主机会要求有强大的身份验证系统来阻止外部非法登陆的可能性。

（二）屏蔽主机体系结构

防火墙由一台过滤路由器和一台堡垒主机构成，防火墙会强迫所有外部网络对内部网络的连接全部通过包过滤路由器和堡垒主机，堡垒主机就相当于是一个代理服务器，也就是说，包过滤路由器提供了网络层和传输层的安全，堡垒主机提供了应用层的安全，路由器的安全配置使得外网系统只能访问到堡垒主机，这个过程中，包过滤路由器是否正确配置和路由表是否受到安全保护是这个体系安全程度的关键，如果路由表被更改，指向堡垒主机的路由记录被删除，那么外部入侵者就可以直接连入内网。

（三）屏蔽子网体系结构

这是最安全的防火墙体系结构，由两个包过滤路由器和一个堡垒主机构成，与屏蔽主机体系结构相比，它多了一层防护体系，就是周边网络，周边网络相当于是一个防护层介于外网和内网之间，周边网络内经常放置堡垒主机和对外开放的应用服务器，比如 Web 服务器。屏蔽子网体系结构的防火墙称为 DMZ，通过 DMZ 网络直接进行信息传输是被严格禁止的，外网路由器负责管理外部网到 DMZ 网络的访问，为了保护内部网的主机，DMZ 只允许外部网络访问堡垒主机和应用服务器，把入站的数据包路由到堡垒主机。不允许外部网络访问内网。内部路由器可以保护内部网络不受外部网络和周边网络侵害，内部路由器只允许内部网络访问堡垒主机，然后通过堡垒主机的代理服务器来访问外网。外部路由器在 DMZ 向外网的方向只接受由堡垒主机向外网的连接请求。在屏蔽子网体系结构中，堡垒主机位于周边网络，为整个防御系统的核心，堡垒主机运行应用级网关，比如各种代理服务器程序，如果堡垒主机遭到了入侵，那么有内部路由器的保护，可以使得其不能进入内部网络。

四、防火墙技术

防火墙的核心技术是包过滤，其技术依据是网络中的分包传输技术。网络上的数据都是以"包"为单位进行传输的，数据被分割成为一定大小的数据包，每一个数据包中都会包含一些特定信息，如数据的源地址、目标地址、TCP/UDP 源端口和目标端口等。防火墙通过读取数据包中的地址信息来判断这些"包"是否来自可信任的安全站点，一旦发现来自危险站点的数据包，防火墙便会将这些数据拒之门外。系统管理员也可以根据实际情况灵活制定判断规则。包过滤技术的优点是简单实用，实现成本较低，在应用环境比较简单的情况下，能够以较小的代价在一定程度上保证系统的安全。但包过滤技术的缺陷也是明显的。包过滤技术是一种完全基于网络层的安全技术，只能根据数据包的来源、目标和端口等网络信息进行判断，无法识别基于应用层的恶意侵入，如恶意的 Java 小程序以及电子邮件中附带的病毒。有经验的黑客很容易伪造 IP 地址，骗过包过滤型防火墙。

早期包过滤防火墙采取的是"逐包检测"机制，即对设备收到的所有报文都根据包过滤规则每次都进行检查以决定是否对该报文放行。这种机制严重影响了设备转发效率，使包过滤防火墙成为网络中的转发瓶颈。于是越来越多的防火墙产品采用了"状态检测"机制来进行包过滤。"状态检测"机制以流量为单位来对报文进行检测和转发，即对一条流量的第一个报文进行包过滤规则检查，并将判断结果作为该条流量的"状态"记录下来。对于该流量的后续报文都直接根据这个"状态"来判断是转发还是丢弃，而不会再次检查报文的数据内容。这个"状态"就是我们平常所述的会话表项。这种机制迅速提升了防火墙产品的检测速率和转发效率，已经成为目前主流的包过滤机制。

防火墙一般是检查 IP 报文中的五个元素，又称为"五元组"，即源 IP 地址和目的 IP 地址，源端口号和目的端口号，协议类型。通过判断 IP 数据报文的五元组，就可以判断一条数据流相同的 IP 数据报文。其中 TCP 协议的数据报文，一般情况下在三次握手阶段除了基于五元组外，还会计算及检查其他字段。三次握手建立成功后，就通过会话表中的五元组对设备收到后续报文进行匹配检测，以确定是否允许此报文通过。

对于防火墙来说，定义一个完善的安全过滤规则是非常重要的。通常，过滤规则以表格的形式表示，其中包括以某种次序排列的条件和动作序列。每当收到一个包时，则按照从前至后的顺序与表格中每行的条件比较，直到满足某一行的条件，然后执行相应的动作（转发或舍弃）。有些数据包过滤在实现时，"动作"这一项还询问，若包被丢弃是否要通知发送者（通过发 ICMP 信息），并能以管理员指定的顺序进行条件比较，直至找到满足的条件。

第二节　网络病毒与防范

一、计算机病毒简介

计算机病毒（Computer Virus）是编制者在计算机程序中插入的破坏计算机功能或者数据的代码，能影响计算机使用，能自我复制的一组计算机指令或者程序代码。

计算机病毒是一个程序，一段可执行码。就像生物病毒一样，具有自我繁殖、互相传染以及激活再生等生物病毒特征。计算机病毒有独特的复制能力，它们能够快速蔓延，又常常难以根除。它们能把自身附着在各种类型的文件上，当文件被复制或从一个用户传送到另一个用户时，它们就随同文件一起蔓延开来。

计算机病毒具有繁殖性、破坏性、传染性、潜伏性、隐蔽性、可触发性等。

繁殖性：计算机病毒可以像生物病毒一样进行繁殖，当正常程序运行时，它也进行自身复制。是否具有繁殖、感染的特征是判断某段程序为计算机病毒的首要条件。

破坏性：计算机中毒后，可能会导致正常的程序无法运行，把计算机内的文件删除或受到不同程度的损坏。破坏引导扇区及 BIOS，硬件环境破坏。

传染性：计算机病毒传染性是指计算机病毒通过修改别的程序将自身的复制品或其变体传染到其他无毒的对象上，这些对象可以是一个程序也可以是系统中的某一个部件。

潜伏性：计算机病毒潜伏性是指计算机病毒可以依附于其他媒体寄生的能力，侵入后的病毒潜伏到条件成熟才发作，会使电脑变慢。

隐蔽性：计算机病毒具有很强的隐蔽性，可以通过病毒软件检查出来少数，隐蔽性计算机病毒时隐时现、变化无常，这类病毒处理起来非常困难。

可触发性：编制计算机病毒的人，一般都为病毒程序设定了一些触发条件，如系统时钟的某个时间或日期、系统运行了某些程序等。一旦条件满足，计算机病毒就会"发作"，使系统遭到破坏。

二、计算机病毒的分类

（一）系统引导病毒

系统引导病毒又称引导区型病毒。直到 20 世纪 90 年代中期，引导区型病毒是最流行的病毒类型，主要通过软盘在 DOS 操作系统里传播。引导区型病毒感染软盘中的引导区，蔓延到用户硬盘，并能感染到用户硬盘中的"主引导记录"。一旦硬盘中的引导区被病毒感染，病毒就试图感染每一个插入计算机的软盘的引导区。

（二）文件型病毒

文件型病毒是文件侵染者，也被称为寄生病毒。它运作在计算机存储器里，通常它感染扩展名为 COM、EXE、DRV、BIN、OVL、SYS 等文件。每一次它们激活时，感染文件把自身复制到其他文件中，并能在存储器里保存很长时间，直到病毒又被激活，如 CIH 病毒。

（三）复合型病毒

复合型病毒有引导区型病毒和文件型病毒两者的特征，因此扩大了传染途径。

（四）宏病毒

宏病毒一般是寄存在 Microsoft Office 文档上的宏代码。它影响对文档的各种操作，如打开、存储、关闭或清除等。当打开 Office 文档时，宏病毒程序就会被执行，即宏病毒处于活动状态，当触发条件满足时，宏病毒才开始传染、表现和破坏。

计算机病毒按破坏性可分为良性病毒和恶性病毒。良性病毒不会对计算机产生恶意的破坏，只是显示某一句话炫耀技巧。恶性病毒则对计算机产生恶意的破坏，目前大多数病毒都是恶性病毒。

三、网络病毒的防范

早期的计算机病毒主要通过磁盘传播，其影响范围有限，难以大规模扩散，随着计算机网络的快速发展，网络成了病毒传播的新途径。网络交流的便捷和高效，使得病毒利用网络进行传播比磁盘传播更加快速，范围更加广泛，危害也更加巨大。往往一个新病毒诞生不久就会出现大规模感染，比如前几年的勒索病毒，在校园网中传播甚广。往往一台机器中了病毒，会使得整个当地局域网都受到传染，清除起来非常困难。

网络病毒一般会试图通过以下四种不同的方式进行传播。

邮件附件：病毒经常会附在邮件的附件里，然后起一个吸引人的名字，诱惑人们去打开附件，一旦人们执行之后，机器就会染上附件中所附的病毒。

E-mail：有些蠕虫病毒会利用在 Microsoft Security Bulletin 在 MS01-020 中讨论过的安全漏洞将自身藏在邮件中，并向其他用户发送一个病毒副本来进行传播。正如在公告中所描述的那样，该漏洞存在于 Internet Explorer 之中，但是可以通过 E-mail 来利用。只需简单地打开邮件就会使机器感染上病毒并不需要您打开邮件附件。

Web 服务器：有些网络病毒攻击 IS4.0 和 5.0 Web 服务器。就拿"尼姆达病毒"来举例说明吧，它主要通过两种手段来进行攻击：第一，它检查计算机是否已经被红色代码Ⅱ病毒所破坏，因为红色代码Ⅱ病毒会创建一个"后门"，任何恶意用户都可以利用这个"后门"获得对系统的控制权，如果 Nimda 病毒发现了这样的机器，它会简单地使用红色代码Ⅱ病毒留下的后门来感染机器；第二，病毒会试图利用"Web Server Folder Traversal"漏洞来感染机器，如果它成功地找到了这个漏洞，病毒会使用它来感染系统。

文件共享：病毒传播的最后一种手段是通过文件共享来进行传播。Windows 系统可以被配置成允许其他用户读写系统中的文件。允许所有人访问您的文件会导致很糟糕的安全性，而且默认情况下，Windows 系统仅仅允许授权用户访问系统中的文件。然而，如果病毒发现系统被配置为其他用户可以在系统中创建文件，它会在其中添加文件来传播病毒。

（一）网络病毒的传播特点

1. 感染速度快

在单机环境下，病毒只能通过移动介质，比如 U 盘由一台计算机传染到另一台计算机，在网络上可以进行迅速扩散。网络情况越好，机器性能越高的情况下，越容易快速传播。一旦某种病毒感染一台计算机，这台计算机立即成为新的毒源，呈几何上升。

2. 扩散面广

由于第一点所说的传播速度非常快，所以相应的传播范围也相应地放大，不但能传染局域网内的所有计算机，还可以通过远程工作站或者笔记本电脑传播到其他网络，甚至千里之外。传播的形式复杂多样。

3. 针对性强

网络病毒并非一定对网络上所有计算机都进行感染与攻击，而是具有某种针对性。例如，有的网络病毒只能感染 IBM PC，有的却只能感染 Macintosh

计算机，有的病毒则专门感染使用 Unix 操作系统的计算机。

4. 难以控制和彻底清除

单机上的计算机病毒可以通过删除文件、格式化硬盘等方式将病毒彻底清除。而网络不同，网络中只要有一台工作站没有清除干净的话，就可以使整个网络重新带毒。甚至刚刚完成一台清除工作的工作站，就有可能被另一台带毒工作站感染，或者一边清理一边感染。因此，只对工作站进行病毒查杀，并不能解决病毒对网络的危害。

5. 破坏性大

网络上的病毒将直接影响网络的工作，轻则降低速度，影响工作效率，重则使网络崩溃，破坏服务器信息，使多年的工作毁于一旦。某些企业和部门还有机密信息丢失的危险。受感染的计算机往往被迫断开网络连接进行单机杀毒，影响工作。

6. 可激发性

网络病毒激发条件多种多样，通常可以是内部时钟、系统日期、用户名，也可以是网络的一次通信，或者网络中的一个特殊标志，由于网络的扩展性，病毒可以按照病毒设计者的要求，在任意时刻、任意位置激发并发起攻击。

7. 潜在性

网络一旦感染病毒，即使病毒已经清除，其潜在危险也是巨大的，根据统计，病毒在网络中被清除以后，85%的网络在 30 天内会再次感染，原因是网络上用户众多，一次清理并不能保证所有用户的所有存储介质清除干净，比如私人使用的光盘、U 盘等等。用户再次使用它们的时候，就会导致重复感染。

8. 具有蠕虫和黑客程序的功能

计算机病毒的编制技术随着网络技术的发展也在不断变化和提高。过去的病毒最大特点是能够复制给其他程序，现在病毒还具有黑客程序的功能，一旦入侵计算机系统后，病毒控制者可能从入侵的系统中窃取信息，远程控制这些系统。

(二) 网络病毒的防范

(1) 不点击不明的网址或邮件、不扫描来历不明的二维码。较多木马是通过网址链接、二维码或邮件传播，当收到来历不明的邮件时，也不要随便打开，应尽快删除。智能客户端不要随意扫描未经认证的二维码。(2) 不下载非官方提供的软件。如需下载必须常备软件，最好找一些知名的网站下载，而且不要下载和运行来历不明的软件。在安装软件前最好用杀毒软件查看有没有病毒，再进行安装。(3) 及时给操作系统打官方补丁包进行漏洞修复，只开常用端口。一般木马是通过漏洞在系统上打开端口留下后门，以便上传木马文件和执行代码，在把漏洞修复上的同时，需要对端口进行检查，把可疑的端口关闭，确保病毒无法传播。（4）使用杀毒软件。在网上浏览时，最好运行反病毒实时监控查杀病毒程序和个人防火墙，并定时对系统进行病毒检查。还要经常升级系统和更新病毒库，注意关注关于网络安全的相关新闻公告等，提前做好预案防范病毒有效措施。

（三）网络反病毒措施

1. 服务器防病毒措施

如果服务器被病毒感染，其感染文件将成为病毒感染的源头。目前基于服务器的网络反毒系统提供实时扫描病毒能力，能够全天 24h 实时扫描监控网络中是否有带毒文件进入服务器。集中扫描检查服务器中的所有文件是否有病毒。

2. 工作站扫描

集中扫描检查服务器中的文件是否带病毒并不能保证工作站的硬盘不染病毒，所以在服务器安装防病毒软件的同时，还要在上网工作站内存中植入一个常驻扫描程序，实时检查在工作站中运行的程序。

3. 在工作站上安装反病毒软件

扫描病毒的负担由分布在网络中的所有计算机分组，不会引起网络性能的下降，也不需要添加设备，但问题是反病毒软件必须是网络系统的一部分，需要统一更新和自动协调运作以防止不一致性，这对于小型的局域网问题不大，但对于广域网通常就很困难。

4. 在电子邮件服务器安装反病毒软件

由于所有邮件信息都进入该服务器并在箱内归档，然后再发送出去，所以这对于防止通过邮件传播的病毒十分有效。

5. 在所有文件服务器安装反病毒软件

这样可以保证网络系统中最重要部分的安全，即使个别工作站被病毒破坏也不至于影响太大。

四、反病毒基础知识

计算机病毒的传播渠道广泛，而且病毒一般都具有伪装性、欺骗性，用户就算再谨慎也不可保证不会中毒，特别是网络病毒往往会利用计算机系统的一些安全漏洞进行传播。由于漏洞公开到厂家发布安全补丁有一个时间差，某些病毒就会利用这个时间差大规模传播，这是用户无法防范的。所以对于用户来讲，安装反病毒软件是必不可少的，针对病毒进行查杀的反病毒软件也出现了很长时间，从最初的简单查杀到后来可以实时监控，反病毒技术也在不断发展。但是对于病毒的检测基本都是通过搜索特征码来进行的,即对于发现的病毒进行分析,找到其独特的一串二进制序列,作为病毒的特征,查杀时对系统中文件进行扫描,如果文件中存在这个序列,就认为感染了该病毒,这种方法存在查杀速度慢的问题,因为每个文件要和病毒库中的上千个病毒特征码比对,效率很低,而且存在着误报的可能。有些病毒可以将自身压缩、加密,也可以避开杀毒软件的检测。现在的反病毒软件都是常驻计算机后台,进行实时监控,用户打开网页、下载文件或者插入 U 盘时,反病毒软件都会进行扫描,判断新的数据里是否存在病毒,这样可以从源头切断病毒对本机的感染;反病毒软件还可以对系统文件进行保护,一旦有程序试图修改系统文件,反病毒软件就会告警,保证操作系统不受破坏,缺点是常驻需要消耗一定的计算机资源。

从反病毒软件对计算机病毒的作用来讲,防毒技术可以直观地分为:病毒预防技术、病毒检测技术及病毒清除技术。

(一) 病毒预防技术

计算机病毒的预防技术就是通过一定的技术手段防止计算机病毒对系统的传染和破坏。实际上这是一种动态判定技术,即一种行为规则判定技术。也就是说,计算机病毒的预防是采用对病毒的规则进行分类处理,而后在程序运作中凡有类似的规则出现则认定是计算机病毒。具体来说,计算机病毒的预防是通过阻止计算机病毒进入系统内存或阻止计算机病毒对磁盘的操作,尤其是写操作。预防病毒技术包括:磁盘引导区保护、加密可执行程序、读写控制技术、系统监控技术等。例如,大家所熟悉的防病毒卡,其主要功能是对磁盘提供写保护,监视在计算机和驱动器之间产生的信号,以及可能造成危害的写命令,并且判断磁盘当前所处的状态:哪一个磁盘将要进行写操作,是否正在进行写操作,磁盘是否处于写保护等,来确定病毒是否将要发作。计算机病毒的预防应用包括对已知病毒的预防和对未知病毒的预防两个部分。目前,对已知病毒的预防可以采用特征判定技术或静态判定技术,而对未知病毒的预防则是一种行为规则的判定技术,即动态判定技术。

(二) 病毒检测技术

计算机病毒的检测技术是指通过一定的技术手段判定出特定计算机病毒的一种技术。它有两种:一种是根据计算机病毒的关键字、特征程序段内容、病毒特征及传染方式、文件长度的变化,在特征分类的基础上建立的病毒检测技术;另一种是不针对具体病毒程序的自身校验技术,即对某个文件或数据段进行检验和计算并保存其结果,以后定期或不定期地以保存的结果对该文件或数据段进行检验,若出现差异,即表示该文件或数据段完整性已遭到破坏,感染上了病毒，从而检测到病毒的存在。

（三）病毒清除技术

计算机病毒的清除技术是计算机病毒检测技术发展的必然结果，是计算机病毒传染程序的一种逆过程。目前，清除病毒大都是在某种病毒出现后，通过对其进行分析研究而研制出来的具有相应解毒功能的软件。这类软件技术发展往往是被动的，带有滞后性。而且由于计算机软件所要求的精确性，解毒软件有其局限性，对有些变种病毒的清除无能为力。

第三节　木马攻击与防范

特洛伊木马（Trojan horse）简称木马，是根据古希腊神话中的木马命名的。谈到木马，人们就会想到病毒，但它与传统病毒不同。木马通常并不像传统病毒那样感染文件，而是一种恶意代码，一般是以寻找后门、窃取密码和重要文件为主，还可以对计算机系统进行跟踪监视、控制、查看、修改资料等操作，具有很强的隐蔽性、突发性和攻击性。从表面上看木马程序没什么特别之处，但是实际上却隐含着恶意企图。在计算机应用中，木马一直是黑客研究的主要内容。使用木马是黑客进行网络攻击的最重要的手段之一，因此认识和了解木马的基本知识，采用正确的技术和方法防范木马攻击尤为重要。

一、木马原理

木马病毒，是指通过特定的程序（木马程序）来控制另一台计算机。木马通常有两个可执行程序：一个是控制端，另一个是被控制端。木马这个名字来源于古希腊传说（荷马史诗中木马计的故事，"Trojan"一词的特洛伊木马本意是特洛伊的，即代指特洛伊木马，也就是木马计的故事）。"木马"程序是目前比较流行的病毒文件，与一般的病毒不同，它不会自我繁殖，也并不"刻意"地去感染其他文件，它通过将自身伪装吸引用户下载执行，向施种木马者提供打开被种主机的门户，使施种者可以任意毁坏、窃取被种者的文件，甚至远程操控被种主机。木马病毒的产生严重危害着现代网络的安全运行。

一个完整的特洛伊木马套装程序含有两部分：服务端（服务器部分）和客户端（控制器部分）。植入对方电脑的是服务端，而黑客正是利用客户端进入运行了服务端的电脑，运行了木马程序的服务端以后，会产生一个有着容易迷惑用户的名称的进程，暗中打开端口，向指定地点发送数据（如网络游戏的密码，即时通信软件密码和用户上网密码等），黑客甚至可以利用这些打开的端口进入电脑系统。特洛伊木马程序不能自动操作,一个特洛伊木马程序是包含或者安装一个存心不良的程序的,它可能看起来是有用或者有趣的计划(或者至少无害),但对于用户来说是有害的,特洛伊木马不会自动运行,它是暗含在某些用户感兴趣的文档中,用户下载时附带的。当用户运行文档程序时,特洛伊木马才会运行,信息或文档才会被破坏和遗失。特洛伊木马和后门不一样,后门指隐藏在程序中的秘密功能,通常是程序设计者为了能在日后随意进入系统而设置的。

二、木马的危害

木马与一般网络病毒的不同之处是,黑客通过木马可从网络上实现对用户计算机的控制,如删除文件、获取用户信息、远程关机等。

木马是一种远程控制工具,以简便、易行、有效而深受黑客青睐。木马主要以网络为依托进行传播,偷取用户隐私资料是其主要目的。木马也是一种后门程序,它会在用户计算机系统里打开一个"后门",黑客就会从这个被打开的特定"后门"进入系统,然后就可以随心所欲操控用户的计算机了。可以说,黑客通过木马进入到用户计算机后,用户能够在自己的计算机上做什么,黑客同样也能做什么。黑客可以读、写、保存、删除文件,可以得到用户的隐私、密码,甚至用户鼠标在计算机上的每一下移动,他都了如指掌。黑客还能够控制鼠标和键盘去做他想做的任何事,例如打开用户珍藏的好友照片,然后将其永久删除。也就是说,用户计算机一旦感染上木马,它就变成了一台傀儡机,对方可以在用户计算机上上传下载文件,偷窥用户的私人文件,偷取用户的各种密码及口令信息等。感染了木马的系统用户的一切秘密都将暴露在木马控制者面前,隐私将不复存在。

木马控制者既可以随心所欲地查看被入侵的计算机,也可以用广播方式发布命令,指示所有在他控制下的木马一起行动,或者向更广泛的范围传播,或者做其他危险的事情。攻击者经常会利用木马侵占大量的计算机,然后针对某一要害主机发起分布式拒绝服务(DDoS)攻击。

木马是一种恶意代码,除了具有与其他恶意代码一样的特征(如破坏性、隐藏性)外,还具有欺骗性、控制性、自启动、自动恢复、打开"后门"和功能特殊性等特征。近年来,随着网络游戏、网上银行,QQ聊天工具等的应用,木马越来越猖獗。这些木马利用操作系统的接口,不断地在后台寻找软件的登录窗体。一些木马会找到窗体中的用户名和密码的输入框,窃取用户输入的用户名和密码。还有一些木马会监视键盘和鼠标的动作,根据这些动作判断当前正在输入的窗体是否是游戏的登录界面,如果是,就将键盘输入的数据进行复制并将信息通过网络发送到黑客的邮箱中。

三、木马的预防措施

木马对计算机用户的信息安全构成了极大威胁，做好木马的防范工作已刻不容缓。用户必须提高对木马的警惕性，尤其是网络游戏玩家更应该提高对木马的关注。尽管人们掌握了很多检测和清除木马的方法及软件工具，但这也只是在木马出现后采取的被动的应对措施。最好的情况是不出现木马，这就要求人们平时对木马要有预防意识，做到防患于未然。下面介绍几种简单适用的预防木马的方法和措施。

（1）不随意打开来历不明的邮件，阻塞可疑邮件。现在许多木马都是通过邮件来传播的。当用户收到来历不明的邮件时，请不要盲目打开，应尽快将其删除，同时要强化邮件监控系统，拒收垃圾邮件。可通过设置邮件服务器和客户端来阻塞带有可疑附件的邮件。

（2）不随意下载来历不明的软件。用户应养成一种良好的习惯，就是不随便在网上下载软件，而是花钱购买正版软件，或在一些正规、有良好信誉的网站上下载软件。在安装下载的软件之前最好使用杀毒软件查看是否存在病毒，确认安全之后再进行安装。

（3）及时修补漏洞和关闭可疑的端口。一般木马都是通过漏洞在系统上打开端口留下后门的，在修补漏洞的同时要对端口进行检查，把可疑的端口关闭。

（4）尽量少用共享文件夹。尽量少地使用共享文件夹，如果必须使用，则应设置账号和密码保护。不要将系统目录设置成共享，最好将系统下默认的共享目录关闭。

（5）运行实时监控程序。用户上网时最好运行木马实时监控程序和个人防火墙，并定时对系统进行木马检测。

（6）经常升级系统和更新病毒库。经常关注厂商网站的安全公告，及时利用新发布的补丁程序对系统漏洞进行修补，及时更新病毒库等。

（7）限制使用不必要的具有传输能力的文件。限制使用诸如点对点传输文件、音乐共享文件、实时通信文件等，因为这些程序经常被用来传播恶意代码。

四、木马攻击与防范

（1）使用"冰河"对远程计算机进行控制。"冰河"一般由两个文件组成：G_Client 和 G_Server。其中 G_Server 是木马的服务器端，即用来植入目标主机的程序，G—Client 是木马的客户端，就是木马的控制端。打开控制端 G_Client，弹出"冰河"的主界面，熟悉快捷工具栏。

（2）在一台目标主机上植入木马并在此主机上运行 G_Server，作为服务器端；在另一台主机上运行 G_Client，作为控制端。打开控制端程序，单击"添加主机"按钮，弹出对话框。

"显示名称"：填入显示在主界面的名称。

"主机地址"：填入服务器端主机的 IP 地址。

"访问口令"：填入每次访问主机的密码，"空"即可。

"监听端口"："冰河"默认监听端口是 7626，控制端可以修改它以绕过防火墙。单击"确定"可以看到主机面上添加了 test 的主机，就表明连接成功。

单击 test 主机名，如果连接成功，则会显示服务器端主机上的盘符。这个时候我们就可以像操作自己的电脑一样远程操作目标电脑。"冰河"大部分功能都是在"命令控制台"实现的，单击"命令控制台"弹出命令控制界面。

展开命令控制台，分为"口令类命令""注册表读表""设置类命令"。

（1）口令命令类。

①"系统信息及口令"：可以查看远程主机的系统信息、开机口令、缓存口令等。

②"历史口令"：可以查看远程主机以往使用的口令。

③"击键记录"：启动键盘记录以后，可以记录远程主机用户击键记录，以此可以分析出远程主机的各种账号和口令或各种秘密信息。

（2）控制类命令捕获屏幕：这个功能可以使控制端使用者查看远程主机的屏幕，好像远程主机就在自己面前一样，这样更有利于窃取各种信息。单击"查看屏幕"，弹出远程主机界面。

①"发送信息"：这个功能可以使你向远程计算机发送 Windows 标准的各种信息。

②"进程管理"：这个功能可以使控制者查看远程主机上所有的进程。

③"窗口管理"：这个功能可以使远程主机上的窗口进行刷新、最大化、最小化、激活、隐藏等操作。

④"系统管理"：该功能可以使远程主机进行关机、重启、重新加载冰河、自动卸载冰河。

⑤"其他控制"：该功能可以使远程主机上进行自动拨号禁止、桌面隐藏、注册表锁定等操作。

（3）网络类命令。

①"创建共享"：在远程主机上创建自己的共享。

②"删除共享":在远程主机上删除某个特定的共享。

③"网络信息":查看远程主机上的共享信息,单击"查看共享"可以看到远程主机上的 IPC＄、C＄、ADMIN＄等共享都存在。

(4)文件类命令。展开文件类命令、文件浏览、文件查找、文件压缩、文件删除、文件打开等菜单,可以查看、查找、压缩、删除、打开远程主机上的某个文件。目录增删、目录复制、主键增删、主键复制的功能。

(5)注册表读写。提供了键值读取、键值写入、键值重命名、主键浏览、主键删除、主键复制的功能。

(6)设置类命令。提供了更换墙纸、更改计算机名、服务器端配置的功能。

删除冰河木马主要有以下几种方法。

①客户端的自动卸载功能,而实际情况中木马客户端不可能为木马服务器自动卸载木马。

②手动卸载:查看注册表,在"开始"中运行 regedit,打开 Windows 注册表编辑器。依次打开子键目录 HKEY_LOCAL_MACHINEISOFTWARE \ Microsoft \ Windows \ CruuentVersion \ run。在目录中发现一个默认的键值:C:\ WINNT \ System32 \ kernel32.exe,这个就是冰河木马在注册表中加入的键值,将它删除,然后依次打开子键目录 HKEY_LOCAL_MACHINE \ SOFTWARE \ Microsoft \ Windows \ CurrentVersion \ Runservices,在目录中也发现一个默认键值:C:\ WINNT \ System32 \ kernel32.exe,这个也是冰河木马在注册表中加入的键值,删除。进入 C:\ WINNT \ System32 目录,找到冰河的两个可执行文件 Kernel32.exe 和 Susexplr.exe,删除。

修改文件关联时木马常用的手段,冰河木马将 txt 文件的缺省打开方式由 notepad.exe 改为木马的启动程序。此外,html、exe、zip.com 等都是木马的目标,所以还需要恢复注册表中的 txt 文件关联功能。将注册表中 HKEY_CLASSES_ROOT \ txtfile \ shell \ open \ command 下的默认值,由中木马后的 C:\ Windows \ System \ Susexplr.exe％1 改为正常情况下的 C:AWindows \ notepad.exe％1。

第四节 网络攻防技术的应用

一、网络信息采集

网络信息采集是进行网络攻击的第一步，在攻击前最主要的工作就是收集尽量多的关于攻击目标的信息。这些信息主要包括网络拓扑结构、网络漏洞、探查主机的操作系统类型及版本、相关软件的类型版本和端口开放程度。网络信息采集有多种途径，既可以使用如 ping、snmp、whois 等网络测试命令及协议实现，也可以通过漏洞扫描、端口扫描和网络窃听工具实现。

（一）漏洞扫描

漏洞是指一个系统存在的弱点或缺陷，系统对特定威胁攻击或危险事件的敏感性，或进行攻击的威胁作用的可能性。漏洞可能来自应用软件或操作系统设计时的缺陷或编码时产生的错误，也可能来自业务在交互处理过程中的设计缺陷或逻辑流程上的不合理之处。漏洞扫描程序是用来检测远程或本地主机安全漏洞的工具。根据扫描对象的不同，漏洞扫描又可以分为网络扫描、操作系统扫描、WWW 服务扫描、数据库扫描、无线网络扫描等。

漏洞扫描是指检测目标设备和主机系统中存在的安全问题，发现和分析可以被攻击者利用的漏洞。一般主要通过以下两种方法来检查目标主机是否存在漏洞。

1. 基于漏洞数据库的规则匹配

根据目标主机启动的网络服务，与网络漏洞扫描系统提供的漏洞数据库进行匹配，查看是否有满足匹配条件的漏洞存在。基于网络系统漏洞数据库的漏洞扫描关键在于其所使用的漏洞数据库，漏洞数据库来自于安全专家对网络系统安全漏洞、系统管理员对网络系统安全配置的实际经验或者黑客攻击案例的分析等，然后在此基础上形成相应的匹配规则。所以漏洞数据库信息的完整性和有效性决定了漏洞扫描系统的准确性。

2. 基于模拟攻击

模拟黑客的攻击手法，编写攻击模块，对目标主机系统进行攻击性的安全漏洞扫描，如测试弱口令等。若模拟攻击成功，则表明目标主机系统存在安全漏洞。

漏洞扫描通常通过漏洞扫描器执行。漏洞扫描器是通过在内部放置已知漏洞的特征，然后把被扫描系统特征和已知漏洞相比对，从而获取被扫描系统漏洞的过程。需要注意的是，漏洞扫描只能找出目标机上已经被发现并且公开的漏洞，不能找出还未被发现的漏洞，并且只能扫描出在扫描器中已经存在特征码的漏洞。

X－Scan 是国内最著名的综合扫描器之一，完全免费，是不需要安装的绿色软件，界面支持中文和英文两种语言，包括图形界面和命令行方式，主要由国内著名的网络安全组织"安全焦点"（http：//www.xfocus.net）完成。X－Scan 把扫描报告和安全焦点网站相连接，对扫描到的每个漏洞进行风险等级评估，并提供漏洞描述、漏洞溢出程序，方便网管测试、修补漏洞。

X－Scan 扫描的功能：

（1）开放服务：扫描 TCP 端口状态，根据设置主动识别开放端口正在运行的服务及目标操作系统类型。

（2）NT－Server 弱口令：通过 139 端口对 WIN NT/2000 服务器弱口令进行检测。

（3）NetBIOS 信息：通过 NetBIOS 协议搜集目标主机注册表、用户、共享、本地组等敏感信息。

（4）SNMP 信息：通过 SNMP 协议搜集目标主机操作系统版本、开放端口、连接状态、WINS 用户列表等敏感信息。

（5）远程操作系统：通过 SNMP、NetBIOS 协议主动识别远程操作系统类型及版本。

（6）弱口令（包括：TELNET、SSH、REXEC、FTP、SQL－Server、WWW、CVS、VNC、POP3、SMTP、IMAP、NNTP、SOCKS5）：通过字典对这些的弱口令进行检测。

（7）IS 编码/解码漏洞：检测的漏洞包括："Unicode 编码漏洞""二次解码漏洞""UTF 编码漏洞"。

（8）漏洞检测标本：加载漏洞检测脚本进行安全监测。可以根据实际情况，自行编写漏洞检测脚本，在插件设置中进行加载。

X－Scan 全局设置模块：

（1）扫描模块：设置需要进行扫描的功能即插件。

（2）并发模块：设置并发主机数量和并发线程数量。

（3）扫描报告：设置最后生成的扫描报告文件类型、名称，文件类型支持 TXT、HT－ML、XHL 三种格式，保存在 LOG 目录下；以及选择是否在扫描报告中保存主机列表以及是否扫描完后自动显示扫描报告。

（4）其他设置："跳过没有响应的主机"：若主机不响应 ICMP ECHO 及 TCP SYN 报文则跳过对该主机的检测；

"没有检测到开放端口的主机"：若在主机的 TCP 端口范围内没有发现开放的端口则跳过对该主机的检测；

"使用 NMAP 来判断操作系统"：X－Scan 使用 SNMP、NetBIOS、NMAP 来综合判断操作系统类型，如果 NMAP 频繁出错，可以关闭此选项；

"显示详细的进度"：主要用于调试。

(二) 端口扫描

计算机的端口是输入/输出设备和 CPU 之间进行数据传输的通道。通过端口扫描，可以发现打开或正在监听的端口，一个打开的端口就是一个潜在的入侵通道。每一台计算机都有 65536 个端口可供使用，在这些可供使用的端口中，前 1024 个端口被作为系统保留端口，并向外界提供众所周知的服务，所以这些端口被攻击者视为重点检查对象，以减少扫描范围，缩短扫描时间。

入侵者如果想要探测目标主机开放了哪些端口、提供了哪些服务，就需要先与目标端口建立连接，这也就是"扫描"的出发点。

具体地，端口扫描可以分为 TCP 扫描和 UDP 扫描，主要有如下几种扫描方法：

(1) TCP Connect() 扫描。这是最基本的 TCP 扫描，使用操作系统提供的 connect() 函数来连接目标主机端口，尝试与目标主机的某个端口建立一次完整的三次握手过程，因此这种扫描方式又称为"全扫描"。如果端口处于侦听状态，那么 connect() 就能成功。否则，这个端口是不能用的，即没有提供服务。该扫描不需要任何权限，而且速度快，但是在目标主机的日志中会显示一连串的连接和连接时出错的服务消息，所以很容易被觉察。

(2) TCP SYN 扫描。TCP SYN 扫描又称为"半开放"扫描，不完成 TCP 全连接的三次握手过程。扫描程序向目标主机发送一个 SYN 数据包，如果目标主机在 TCP 报文中返回一个 SYN 和 ACK 数据包，表示该端口处于监听状态；如果 TCP 报文中返回一个 RST 数据包，则表示端口没有处于侦听状态。由于该扫描过程中全连接尚未建立，所以大大降低了被目标主机记录的可能性，并且加快了扫描的速度。

(3) TCP FIN 扫描。TCP FIN 扫描又被称为秘密扫描。在 TCP 报文结构中，FIN 段负责表示发送端已经没有数据要传输，希望释放连接。扫描程序向目标主机端口发送一个 FIN=1 的报文，如果该端口的处于关闭状态，则该报文会被丢掉，并返回一个 RST 报文。但是，如果该端口的处于侦听状态，那么该报文只是被简单的丢掉，而不回应任何信息。TCP FIN 扫描方法的好处是能够穿过一些防火墙和包过滤器。

(4) UDP 扫描。这种方法与上面几种方法的不同之处在于向目标端口发送的是 UDP 协议分组，而非 TCP 协议分组。UDP 协议是基于无连接的，当目标主机一个 UDP 端口接收到一个 UDP 数据报时，如果该端口处于关闭状态，目标主机返回一个 ICMP 端口不可达数据包；如果该端口处于侦听状态，那么目标主机会忽略这个数据包，不返回任何的信息。

但由于 UDP 是不可靠的，ICMP 端口不可达数据包也不保证能到达，因此网络条件不够好时，这种方法的准确性将大打折扣。由于 RFC 对 1CMP 错误信息的产生速率作了限制，因此这种扫描方法速度比较慢，而且需要具有系统管理员权限。

Nmap 是一款开源免费的网络发现（network discovery）和安全审计（security auditing）工具，可以从 http：//www.insecure.org/nmap 站点上免费下载。Nmap 支持多少扫描技术，如 UDP、TCP Connect ()、TCP SYN、TCP FIN、FTP 代理扫描和 NULL 扫描等。

Nmap 包含四项基本功能：

（1）主机发现（Host Discovery）

（2）端口扫描（Port Scanning）

（3）版本侦测（Version Detection）

（4）操作系统侦测（Operating System Detection）Nmap 的语法简单，其使用格式为：

Nmap［扫描类型］［扫描选项］［扫描目标］

（三）网络窃听

网络窃听是指截获和复制系统、服务器、路由器或防火墙等网络设备中所有的网络通信信息。网络窃听可以用于安全监控，但同样也可以被攻击者用来截获网络信息。用于网络窃听的嗅探器可以被安装在网络的任何地方，并且很难被发现，所以，非法网络窃听严重地危害着网络的安全。

网络窃听可以包括下述不正当的用途：

（1）窃取机密信息，包括各种用户名和口令、电子邮件正文及附件、网络打印的文档等；窃听底层的协议信息，如 DNS 的 IP 地址、本机 IP 地址、网关 IP 地址等；

（2）网络窃听获得的数据还可以为攻击者进行中间人攻击篡改数据提供帮助。

网络中的主机之间进行通信产生的数据收发是由网卡来完成的。当网卡接收到数据帧，其内嵌的处理程序会检查数据帧的目的 MAC 地址，并根据网卡驱动程序设置的接收模式来判断该不该进一步处理。如果应该处理，就接收该数据帧并产生中断信号通知 CPU，否则就简单丢弃。整个过程由网卡独立完成。

网卡具有如下的几种工作模式：

(1) 广播模式（Broad Cast Model）：物理地址（MAC）地址是OXffffff的帧为广播帧，工作在广播模式的网卡接收广播帧。

(2) 多播传送（MultiCast Model）：多播传送地址作为目的物理地址的帧可以被组内的其他主机同时接收，而组外主机却接收不到。但是，如果将网卡设置为多播传送模式，它可以接收所有的多播传送帧，而不论是不是组内成员。

(3) 直接模式（Direct Model）：工作在直接模式下的网卡只接收目的地址与本机Mac地址相同的帧。

(4) 混杂模式（Promiscuous Model）：工作在混杂模式下的网卡接收所有的流过网卡的帧，信包捕获程序就是在这种模式下运行的。网卡的缺省工作模式包含广播模式和直接模式，即只接收广播帧和发给本机的帧。

如果网卡工作模式采用混杂模式，网卡将接受同一网络内所有站点所发送的数据包，攻击者会从众多的数据包中提取他们感兴趣的特定信息，如登录账号、密码等。

解决窃听的有效途径是使用强大有效的数据传输加密，但由于强大的加密技术在网络上的应用还不广泛，因此发展有效的数据传输加密是安全的一个重要研究课题。

二、拒绝服务攻击

(一) 拒绝服务攻击

1. 拒绝服务攻击的定义

拒绝服务（denial of service，DoS）攻击是常用的一种攻击方式，DoS通过抢占目标主机系统资源使系统过载或崩溃，破坏和拒绝合法用户对网络、服务器等资源的访问，达到阻止合法用户使用系统的目的。DoS攻击的目标大多是Internet公共设施，如路由器、WWW服务器、FTP服务器、邮件服务器、域名服务器等。DoS对目标系统本身的破坏性并不是很大，但影响了正常的工作和生活秩序，间接损失严重，社会效应恶劣。

最常见的DoS攻击行为有网络带宽攻击和连通性攻击。网络带宽攻击指以极大的通信量冲击网络，使得所有可用网络资源都被消耗殆尽，最后导致合法的用户请求无法通过。连通性攻击指用大量的连接请求冲击计算机，使得所有可用的操作系统资源都被消耗殆尽，最终计算机无法再处理合法用户的请求。

拒绝服务攻击症状包括：

（1）网络异常缓慢（打开文件或访问网站）；

（2）特定网站无法访问；

（3）无法访问任何网站；

（4）垃圾邮件的数量急剧增加；

（5）无线或有线网络连接异常断开；

（6）长时间尝试访问网站或任何互联网服务时被拒绝；

（7）服务器容易断线、卡顿。

2. 拒绝服务攻击分类

DoS 攻击就是想办法让目标机器停止提供服务或资源访问，这些资源包括磁盘空间、内存、进程甚至网络带宽，从而阻止正常用户的访问。实现 DoS 攻击的手段有很多，常用的主要有以下几种：

（1）滥用合理的服务请求；

（2）制造高流量的无用数据；

（3）利用传输协议缺陷；

（4）利用服务程序的漏洞。

例如：发送大量垃圾邮件，向匿名 FTP 塞垃圾文件，把服务器的硬盘塞满；合理利用策略锁定账户，一般服务器都有关于账户锁定的安全策略，某个账户连续 3 次登录失败，那么这个账号将被锁定。破坏者伪装一个账号去错误登录，这样使得这个账号被锁定，而正常的合法用户无法使用该账号去登录系统。下面介绍几种常见的拒绝服务攻击。

3. 常见的拒绝服务攻击技术

Ping of Death

Ping（Packet Internet Groper）用于测试网络连接量的程序。Ping 发送一个 ICMP（Internet Control Messages Protocol）即因特网信报控制协议；回声请求消息给目的地并报告是否收到所希望的 ICMP echo（ICMP 回声应答）。用来检查网络是否通畅或者网络连接速度的命令。

ICMP 协议报文长度是固定的，大小为 64KB，早期的很多操作系统在处理 ICMP 协议数据报文时，只开辟了 64KB 的缓冲区，用于存放接收到的 ICMP 数据包。如果发送的数据包长度大约 64KB 字节，数据包被划分为一些小的数据包来发送，但在重组时，系统发现重组后数据包数据过长，缓冲区空间不足，这样系统会导致 telnet 和 http 服务停止或者路由器重启，这种攻击被称为 Ping of Death，又叫"死亡之 Ping"。

现在大部分操作系统对于这个漏洞已经进行了修补，在命令行下输入下列命令：ping－165536192.168.100.150，系统会提示：

（1）泪滴攻击

两台计算机在使用 IP 协议通信时，如果传输的数据量较大，无法在一个数据报文中传输完成，就会将数据拆分成多个分片，再传送到目的计算机后再到堆栈中进行重组，这一个过程称为分片。IP 分片发生在要传输的 IP 报文大小超过最大传输单位 MTU（maximum transmission unit）的情况下泪滴（teardrop）攻击是一个特殊构造的应用程序，通过发送伪造的相互重叠的 IP 分组数据包，使其难以被接收主机重新组合。通常会导致目标主机内核失措。

泪滴攻击的原理是，IP 数据包在网络传递时，当超过 MTU 时，数据包分成更小的片段，攻击者可以通过发送两段（或者更多）数据包来实现。第一个包的偏移量为 0，长度为 N，第二个包的偏移量小于 N。为了合并这些数据段，TCP/IP 堆栈会分配超乎寻常的巨大资源，从而造成系统资源的缺乏甚至机器的重新启动。

（2）SYN 洪水

SYN Flood（SYN 洪水）是一种典型的 DoS 攻击。SYN 洪水使服务器 TCP 连接资源耗尽，停止响应正常的 TCP 连接请求。

TCP 连接的建立包括三个步骤：用户发送 SYN 数据包给服务器端；服务器收到后，分配一定的资源并回复一个 ACM/SYN 数据包，并等待连接建立的最后的 ACK 数据包；最后再次回应一个 ACK 数据包确认连接请求。这样，用户和服务器之间的连接建立起来，并可以传输数据。

上述的用户和服务器之间可信，并在网络正常的理想状况下建立连接。但实际情况是，网络可能不稳定丢包，使握手消息不能抵达对方，也可能是对方故意延迟或不发送握手确认消息。假设服务器通过某 TCP 端口提供服务，服务器在收到用户的 SYN 消息时，积极的反馈了 SYN－ACK 消息，使连接进入半开状态，因为服务器不确定发给用户的 SYN－ACK 消息或用户反馈的 ACK 消息是否会丢失，所以会给每个待完成的半开连接都设一个 Timer，如果超过时间还没有收到用户的 ACK 消息，则重新发送一次 SYN－ACK 消息给用户，直到保持这个连接直到超时。SYN 洪水攻击就是利用三次握手的这个特性发起攻击的。当服务器面临海量的攻击者时，就形成了 SYN Flood 攻击。攻击方可以控制多台机器，向服务器发送大量 SYN 消息但不响应 ACK 消息，或者伪造 SYN 消息中的 Source IP，使服务器反馈的 SYN－ACK 消息无法找到源地址，导致服务器被大量注定不能完成的半开连接占据，直到资源耗尽，停止响应正常的连接请求。

(3) Land 攻击

Land 攻击是著名黑客组织 Rootshell 发现的，它的目标也是 TCP 的三次握手。Land 攻击的数据包中的源地址和目标地址是相同的，当操作系统接收到这类数据包时，不知道该如何处理堆栈中通信源地址和目的地址相同的这种情况，或者循环发送和接收该数据包，消耗大量的系统资源，从而有可能造成系统崩溃或死机等现象。

(二) 分布式拒绝服务攻击

分布式拒绝服务（distributed denial of service，DDoS）攻击是一种基于 DoS 的特殊形式的拒绝服务攻击，是一种分布式的、协作的大规模攻击方式，较 DoS 具有更大的破坏性。

在早期，拒绝服务攻击主要是针对处理能力比较弱的单机，如个人 PC，或是窄带宽连接的网站，对拥有高带宽连接高性能设备的网站影响不大。随着计算机与网络技术的发展，计算机的处理能力迅速增长，内存大大增加，同时也出现了千兆级别的网络，这使得 DoS 攻击的困难程度加大了。分布式拒绝服务攻击手段应运而生。分布式拒绝服务攻击通过控制分布在网络各处的数百台甚至数千台傀儡机（又称"肉鸡"），发动它们同时向攻击目标进行拒绝服务攻击，协同实现攻击目的。

DDoS 攻击按照不同主机在攻击时的角色可分为 4 个部分：攻击者、控制机、傀儡机、目标服务器。在进行 DDoS 攻击前，攻击者必须先用其他手段获取大量傀儡机的系统控制权，用于安装进行拒绝服务攻击的软件。这些傀儡机最好具有良好的性能和充足的资源，如强的计算能力和大的带宽等。当需要攻击时，攻击者连接到安装了服务端软件的控制机，向服务端软件发出攻击指令，控制机在接收到攻击指令后，控制多个傀儡机同时向目标服务器发动猛烈攻击。

(三) 拒绝服务攻击防御技术

(1) 确保所有服务器采用最新系统，并打上安全补丁。计算机紧急响应协调中心发现，攻击者能够控制的傀儡机大都是系统存在严重安全漏洞的计算机，所以要防范计算机成为傀儡机，就必须对主机的硬件或软件系统存在的安全漏洞进行全面检测，及时打补丁、修补漏洞。对一些重要的信息（例如系统配置信息）建立和完善备份机制。对一些特权账号（例如管理员账号）的密码设置要谨慎。通过这样一系列的举措可以把攻击者的可乘之机降低到最小。

(2) 如果某部门提供了一个非常关键的服务，但是服务器仅运行在一台计算机上，与路由器之间只有单一的连接，那这样的设计就是不完善的。若攻击者对路由器或服务器进行 DDoS 攻击，就能使运行关键任务的应用程序被迫离线理想情况下，提供的服务不仅要有多条与 Internet 的连接，而且最好有不同地理区域的连接。这样服务器 IP 地址越分散，攻击者定位目标的难度就越大，当问题发生时，所有的通信都可以被重新路由，可以大大降低其影响。

（3）对主机中不必要的服务，设置安全群组和私有网络，禁止对主机的非开放服务，限制打开最大 SYN 连接数，限制特定 IP 地址的访问。通过这些方式可以减少受到攻击的可能性。

（4）对系统性能进行监控也是预防 DoS 攻击的一种重要方式，不合理的服务器配置会使得系统容易被 DoS 攻击，对 API、CDN 和 DNS 等第三方服务进行监控，对网络节点进行监视，及时发现并清理可能出现的漏洞。当这些性能出现异常后，及时进行维护。对网络日志进行定期查阅，看是否有异常入侵，及时做好防范工作。

（5）使用扫描工具，安全措施不到位的网络和主机很可能已经被攻克并用作了 DDoS 傀儡机，因此要扫描这些网络，查找 DDoS 傀儡机，并尽可能把攻击程序从傀儡机中关闭删除，而大多数商业的漏洞扫描程序和工具都能检测到系统是否被用作 DDoS 傀儡机。

三、漏洞攻击

信息系统安全漏洞是各种安全威胁的主要根源之一。信息系统由硬件和软件组成。系统安装后，管理员采用默认的安全配置信息，造成安全级别过低，从而存在安全漏洞；由于应用软件和操作系统的复杂性和多样性，使得软件设计者在设计阶段无法预料到程序运行时的各种系统状态，更无法精确地预测在不同系统状态下会发生什么结果，所以，在信息系统中存在着软件安全漏洞等。对于一个负责系统而言，漏洞的存在是不可避免的，而黑客正是利用这些漏洞实施攻击和入侵的。

（一）服务器配置漏洞攻击及防御

针对入侵技术、病毒特点和黑客攻击等特点分析，在服务器安全配置前需要先对服务器的自身安全性强化。主要有先对操作系统的安全强化，包括运用服务包和安全补丁来修复已知的漏洞、删除不使用的操作系统的特性及其服务，对操作系统的功能、服务、账号及访问权限进行限制和端口配置等。总的来说，系统的强化安全设置是系统在能够有效运行的前提下得到最高的安全级别，在安全级别和系统可用性之间找到最佳的平衡。

1. Window 系统安全配置

（1）关闭不需要的服务

Computer Browser：维护网络计算机更新；

Distributed File System：局域网管理共享文件；

Distributed linktracking client：用于局域网更新连接信息；

Error reporting service：禁止发送错误报告；

Microsoft Search：提供快速的单词搜索；

Print Spooler：如果没有打印机，可禁用；

Remote Registry：禁止远程修改注册表；

Remote Desktop Help Session Manager：禁止远程协助，其他服务有待核查。

（2）账号及安全策略

账号安全是计算机系统安全的第一关，如果计算机系统账号被盗用，那么计算机将非常危险，攻击者可以任意控制计算机系统，如果计算机中存在着重要的机密文件，或者银行卡号和密码，那么损失会非常严重。

设置方法：在命令行中输入 secpol.msc，设置密码策略、账号锁定策略。

（3）关闭 Guest 账户

Guest 账户在计算机系统中称为来宾账户，它可以访问计算机，但受到限制。不过，Guest 账户也为黑客入侵打开了方便之门。

（4）日志安全设置

设置应用程序日志、安全日志、系统日志，增大日志大小，避免由于日志文件容量过小导致重要日志记录遗漏。在命令行中输入 eventvwr.msc 命令。

（5）注册表安全设置

通过注册表，用户可以轻易地添加、删除、修改 windows 系统内的软件配置信息或硬件驱动程序，这不仅方便了用户对系统软硬件的工作状态进行适时的调整，同时注册表也是入侵者攻击的目标，通过注册表也可称为入侵者攻击的目标，通过注册表种植木马、修改软件信息，甚至删除、停用或改变硬件的工作状态。

利用文件管理器对 regedit.exe 文件设置成只允许管理员能使用命令访问修改注册表，其他用户只能读取，但不能修改这样就可以防止非法用户恶意修改注册表。

（6）FTP 服务器的安全配置策略

FTP 站点的安全配置包括用户账号认证、匿名访问控制以及 IP 地址限制。把 FTP 文件夹与ⅡS 服务器设置放在不同的磁盘上，可增加文件的安全性。

在"FTP 站点属性界面"中的"限制到"文本框内输入适合此 FTP 服务器的限制连接数。在站点上设置好连接数限制后，当达到最大连接数时，系统会提示系统忙。在"连接超时"文本框内输入断开没有活动用户的时间值，可以避免无用链接长期占有连接数。

通过"目录安全性"选项，可以使用基于 IP 地址的方式限制用户的访问控制权限。默认的 FTP 服务器设置是所有 IP 地址都具有访问权限。

2. MySQL 数据库安全

（1）删除默认数据库和数据库用户。MySQL 初始化后会自动生成空用户和 test 库，进行安装的测试，这会对数据库的安全构成威胁，将空用户和 test 数据库删除；

（2）默认的 mysql 管理员的用户名都是 root，改变默认的 mysql 管理员账号也可以使 mysql 数据库的安全性有较好的提高；

（3）禁止远程连接数据库；

（4）数据库的某用户多次远程连接，会导致性能的下降和影响其他用户的操作，限制用户连接的数量。

3. Apache 安全加固

（1）以特定用户运行 Apache 服务，不要使用系统管理员账号启动，以免受到越权使用造成非法攻击；

（2）在页面差错时，隐藏服务器操作系统、Apache 版本等信息；

（3）禁止目录浏览；

（4）限制 IP 访问；

（5）限制访问的文件夹；

（6）设置目录权限。

（二）软件漏洞攻击及防御

软件漏洞是计算机软件在设计与实现过程中存在的缺陷与不足。非法用户利用软件漏洞，对计算机进行的非授权操作以及所有危害计算机系统安全的行为，都被视为软件漏洞攻击行为。软件漏洞攻击行为不仅可以使攻击者获得访问权限的提升，甚至能够执行任意代码。由此可见，软件漏洞对计算机系统安全的威胁十分巨大。

1. 缓冲区溢出攻击及防御

（1）缓冲区溢出攻击概述

缓冲区是计算机中一片连续的内存存储空间，用于保存给定类型的数据。缓冲区溢出是指计算机向缓冲区内填充数据时，数据长度超过了缓冲区本身的容量，溢出的数据覆盖了内存地址相邻的合法数据。

（2）缓冲区溢出的基本原理

如果在计算机内存中压入的数据超过预先分配的容量时，就会出现缓冲区溢出，从而使得程序运行失败；如果发生溢出的是大型程序还有可能会导致系统崩溃。缓冲区溢出的真正原因在于某些编程语言缺乏类型安全，程序缺少边界检查。

根据缓冲区溢出发生的具体情况，巧妙地填充缓冲区不但可以避免崩溃，还能影响到程序的执行流程，甚至让程序去执行缓冲区里的代码。如果输入的数据是经过黑客或者病毒精心设计的，程序的返回地址恰恰是黑客或者病毒的入侵程序代码，这样的字节被编译执行，也就是病毒发作了。所以，缓冲区溢出也是种系统攻击的手段。

（3）缓冲区溢出的防御

①使用 C 语言的开发人员来说，C 语言有许多字符串处理函数存在未检查输入参数长度和边界问题、字符串以零结尾而不是用下标管理等，因此，只能要求程序员提高自身编程水平，在编写程序时尽量避免有错误倾向的代码出现。

②作为新手，可以推荐使用具有类型－安全的语言如 Java 和 C♯。

③实现数组边界检查，则所有的对数组的读写操作都应当被检查，以确保对数组的操作在正确的范围内。

④指针完整性检查。程序指针完整性检查在程序指针被改变之前进行。即便攻击者成功改变了程序的指针，也会因先前检测到指针的改变而失效，这样虽然不能解决所有问题，但它的确阻止了大多数的缓冲区攻击，而且这种方法在性能上有很大的优势，兼容性也很好。

2. 跨站脚本攻击

（1）跨站脚本攻击概述

跨站脚本（Cross－Site Scripting，XSS）攻击指的是恶意攻击者向 Web 页面里插入恶意的代码或数据，当用户浏览该页面时，嵌入其中的脚本会被解释执行。攻击者因此可以绕过文档对象模型（DOM）的安全限制措施，进行恶意操作，可以盗取用户账户，修改用户设置，盗取/污染 cookie，做虚假广告，查看主机信息等。存在 XSS 漏洞的 Web 组件包括有 CGI 脚本、搜索引擎、交互式公告板等。

一般情况下，跨站脚本攻击的原理：首先攻击者通过邮件或者其他方式，向用户发送带有 XSS 恶意脚本的链接，诱骗用户点击；或者攻击者构造 XSS 恶意脚本，保存到目标服务器中。其次用户点击恶意链接访问了目标服务器；或者访问了目标服务器中带有恶意脚本的页面。再次目标服务器将带有 XSS 恶意脚本的网页，返回给用户。然后用户浏览器解析网页，将用户敏感信息发送给黑客服务器。最后攻击者获取到用户敏感信息，伪装访问目标服务器。

（2）跨站脚本攻击防御

①跨站脚本攻击防御的原则就是不相信用户输入的数据，对输入进行过滤，对输出进行编码。

②使用 XSS Filter，针对用户提交的数据进行有效的验证，只接受规定的长度或内容的提交，过滤掉其他的输入内容。

③Http Only cookie，许多 XSS 攻击的目的是为了获取用户的 cookie，将重要的 cookie 标记为 http only，避免在脚本中访问 cookie。

④对输入（和 URL 参数）进行过滤，对输出进行编码。

3. SQL 注入攻击及防御

SQL 注入（SQL injection）通过把 SQL 命令插入到 Web 表单递交或输入域名或页面请求的查询字符串，最终达到欺骗服务器执行恶意的 SQL 命令。目前的 Web 应用中，绝大多数都会向用户提供一个接口，用来进行权限验证、搜索、查询信息等功能。比如一个在线银行应用，首先会有对注册客户进行身份验证的登录界面，在正确登录后，会提供更多交互功能，如根据客户的银行卡号信息，查询客户的最近交易、转账细节等。这些都是注入缺陷的最佳利用场景。

第六章 下一代网络关键技术

第一节 下一代网络概述

一、下一代网络的定义

国际电信联盟（ITU）关于下一代网络（Next Generation Network，NGN）最新的定义是它是一个分组网络，它提供包括电信业务在内的多种业务，能够利用多种带宽和具有 QoS 能力的传送技术，实现业务功能与底层传送技术的分离；它提供用户对不同业务提供商网络的自由接入，并支持通用移动性，实现用户对业务使用的一致性和统一性。

可以说，下一代网络实际上是一把大伞，涉及的内容十分广泛，其含义不只限于软交换和 IP 多媒体子系统（IMS），而是涉及到网络的各个层面和部分。它是一种端到端的、演进的、融合的整体解决方案，而不是局部的改进、更新或单项技术的引入。从网络的角度来看，NGN 实际涉及了从干线网、城域网、接入网、用户驻地网到各种业务网的所有层面。NGN 包括采用软交换技术的分组化的话音网络；以智能网为核心的下一代光网络；以 MPLS、IPv6 为重点的下一代 IP 网络等。

由以上定义可以看出，NGN 需要做到以下几点：一是 NGN 一定是以分组技术为核心的；二是 NGN 一定能融合现有各种网络；三是 NGN 一定能提供多种业务，包括各种多媒体业务；四是 NGN 一定是一个可运营、可管理的网络。

二、下一代网络的组成及特点分析

（一）下一代网络的组成

现在人们比较关注 NGN 的业务层面，尤其是其交换技术，但实际上，NGN 涉及的内容十分广泛，广义的 NGN 包含了以下几个部分：下一代传送网、下一接入网、下一代交换网、下一代互联网和下一代移动网。

1. 下一代传送网

下一代传送网是以 ASON 为基础的,即自动交换光网络。其中,波分复用系统发展迅猛,得到大量商用,但是普通点到点波分复用系统只提供原始传输带宽,需要有灵活的网络节点才能实现高效的灵活组网能力。随着网络业务量继续向动态的 IP 业务量的加速汇聚,一个灵活动态的光网络基础设施是必要的,而 ASON 技术将使得光联网从静态光联网走向自动交换光网络,这将满足下一代传送网的要求,因此,ASON 将成为以后传送网发展的重要方向。

2. 下一代接入网

下一代接入网是指多元化的无缝宽带接入网。当前,接入网已经成为全网宽带化的最后瓶颈,接入网的宽带化已成为接入网发展的主要趋势。接入网的宽带化主要有以下几种解决方案:一是不断改进的 ADSL 技术及其他 DSL 技术;二是 WLAN 技术和目前备受关注的 WiMAX 技术等无线宽带接入手段;三是长远来看比较理想的光纤接入手段,特别是采用无源光网络(PON)用于宽带接入。

3. 下一代交换网

下一代交换网是指网络的控制层面采用软交换或 IMS 作为核心架构。传统电路交换网络的业务、控制和承载是紧密耦合的,这就导致了新业务开发困难,成本较高,无法适应快速变化的市场环境和多样化的用户需求。软交换首先打破了这种传统的封闭交换结构,将网络进行分层,使得业务、控制、接入和承载相互分离,从而使网络更加开放,建网灵活,网络升级容易,新业务开发简捷快速。在软交换之后 3GPP 提出的 IMS 标准引起了全球的关注,它是一个独立于接入技术的基于 IP 的标准体系,采用 SIP 协议作为呼叫控制协议,适合于提供各种 IP 多媒体业务。IMS 体系同样将网络分层,各层之间采用标准的接口来连接,相对于软交换网络,它的结构更加分布化,标准化程度更高,能够更好地支持移动终端的接入,可以提供实际运营所需要的各种能力,目前已经成为 NGN 中业务层面的核心架构。软交换和 IMS 是传统电路交换网络向 NGN 演进的两个阶段,两者将以互通的方式长期共存,从长远看,IMS 将取代软交换成为统一的融合平台。

4. 下一代互联网

NGN 是一个基于分组的网络,现在已经对采用 IP 网络作为 NGN 的承载网达成了共识,IP 化是未来网络的一个发展方向。现有互联网是以 IPv4 为基础的,下一代的互联网将是以 IPv6 为基础的。IPv4 所面临的最严重问题就是地址资源的不足,此外,在服务质量、管理灵活性和安全方面都存在着内在缺陷，因此，互联网逐渐演变成以 IPv6 为基础的下一代互联网（NGI）将是大势所趋。

5. 下一代移动网

总的来看，移动通信技术的发展思路是比较清晰的。下一代移动网将开拓新的频谱资源，最大限度实现全球统一频段、统一制式和无缝漫游，应付中高速数据和多媒体业务的市场需求以及进一步提高频谱效率，降低成本，扭转 ARPU 下降的趋势。

总之，广义的 NGN 实际上包含了几乎所有新一代网络技术，是端到端的、演进的、融合的整体解决方案。

（二）下一代网络的特点

1. 采用分层的体系架构

NGN 将网络分为用户层（包括接入层和传送层）、控制层和业务层，用户层负责将用户接入到网络之中并负责业务信息的透明传送，控制层负责对呼叫的控制，业务层负责提供各种业务逻辑，三个层面的功能相互独立，相互之间采用标准接口进行通信。NGN 的分层架构使复杂的网络结构简单化，组网更加灵活，网络升级容易；同时分层架构还使得承载、控制和业务这三个功能相互分离，这就使得业务能够真正地独立于下层网络，为快速、灵活、有效地提供新业务创造了有利环境，便于第三方业务的快速部署实施。

2. 基于分组技术

NGN 的定义中明确说明 NGN 将是一个基于分组的网络，即采用分组交换作为统一的业务承载方式。NGN 是以分组技术为基础的电信网络，在网络层以下将以分组交换为基础构建，其网络对信令和媒体均采用基于分组的传输模式。过去业界对 NGN 采用何种分组技术存在分歧，主要是在 IP 技术和 ATM 技术之间的争论，目前已经对采用 IP 技术达成了共识，但 IP 技术并不完善，还需要许多改进才能担当这个重任。

3. 提供各种业务

随着技术的进步和生活水平的提高，仅仅利用语音来交换信息已经不能满足人们的日常需要，尤其随着 Internet 的迅猛发展，多媒体服务已经越来越多地融入人们的日常生活之中。NGN 的最终目标就是为用户提供各种业务，这包括传统语音业务、多媒体业务、流媒体业务和其他业务。NGN 的生命力很大程度上取决于是否能够提供各种新颖的业务，因此在 NGN 的发展中如何开发有竞争力的业务将是今后的一个问题。

4. 能够与传统网络互通

网络的发展不是一蹴而就的，现有网络过渡到下一代网络一定会经历一个漫长的过程。在这个过程中，下一代网络与现有网络将长期共存，因此，这两者之间必须要实现互通。目前制定的 NGN 标准中都充分考虑了互通的问题。

5. 具有可运营性和可管理性

NGN 是一个商用的网络，必须具备可运营性和可管理性。可运营性主要包括 QoS 能力和安全性能，NGN 需要为业务提供端到端的 QoS 保证和安全保证，当提供传统电信业务时，应至少能保证提供与传统电信网相同的服务质量。可管理性是指 NGN 应该是可管理和可维护的，其网络资源的管理、分配和使用应该完全掌握在运营商的手中，运营商对网络有足够的控制力度，明确掌握全网的状况并能对其进行维护。NGN 应能够支持故障管理、性能管理、客户管理、计费与记账、流量和路由管理等能力，运营商能够采取智能化的、基于策略的动态管理机制对其进行管理。

6. 具有通用移动性

与现有移动网能力相比，NGN 对移动性有更高的要求。通用移动性是指当用户采用不同的终端或接技术时，网络将其作为同一个客户来处理，并允许用户跨越现有网络边界使用和管理他们的业务。通用移动性包括终端移动性和个人移动性及其组合，即用户可以从任何地方的任何接入点和接入终端获得在该环境下可能得到的业务，并且对这些业务用户有相同的感受以及操作。通用移动性意味着通信实现个人化，用户只使用一个 IP 地址就能够实现在不同位置、不同终端上接入不同的业务。

三、下一代网络的体系结构

NGN 是一个融合的网络，不再是以核心网络设备的功能纵向划分网络，而是按照信息在网络传输与交换的逻辑过程来横向划分网络。可以把网络为终端提供业务的逻辑过程分为承载信息的产生、接入、传输、交换及应用恢复等若干个过程。

为了使分组网络能够适应各种业务的需要，NGN 网络将业务和呼叫控制从承载网络中分离出来。因此，NGN 的体系结构实际上是一个分层的网络。

NGN 从功能上可以分为接入层、传送层、控制层和网络业务层等几个层面。

接入层（Access Layer）：将用户连接全网络，集中用户业务将它们传递至目的地，包括各种接入手段，例如，接入网、中继网、媒体网、智能网等。

传送层（Transport Layer）：将不同信息格式转换成为能够在网络上传递的信息格式，例如，将话音信号分割成 ATM 信元或 IP 包。此外，媒体层可以将信息选路至目的地。

控制层（Control Layer）：即指软交换设备，是 NGN 的核心，主要完成信令的处理等业务的执行。

网络业务层（Network Service Layer）：处理具体业务逻辑，包括业务管理、应用服务、AAA 服务等业务逻辑。

四、下一代网络中的网关技术

1. 媒体网关

MG 主要是将一种网络中的媒体转换成另一种网络所要求的媒体格式。MG 能够在电路交换网的承载通道和分组网的媒体流之间进行转换，可以综合处理音频、视频和数据内容。

媒体网关 MG 在 NGN 中扮演着重要的角色，任何业务都需要 MG 在软交换的控制下实现。媒体网关主要涉及的功能有：用户或网络接入功能、接入核心媒体网络功能、媒体流的映射功能、受控操作功能、管理和统计功能。

2. 媒体网关控制器

MGC 能控制整个网络，监视各种资源并控制各种连接，负责用户认证和网络安全，发起和终结所有的信令控制。MGC 是软交换的重要组成部分和功能实现部分。

MGC 是 H.248 协议关于 MG 媒体通道中呼叫连接状态的控制部分。MGC 可以通过 H.248 协议或 MGCP 协议、媒体设备控制协议（MDCP）对 MG 进行控制，媒体网关控制器/呼叫代理之间通过 H.323 或者 SIP 协议连接。在大多数情况下，MGC 被统称为"软交换"，但 MGC 并不等于软交换，软交换的功能比 MGC 强大。

3. 信令网关

SG 是 No.7 信令网与 IP 网的边缘接收和发送信令消息的信令代理，对信令消息进行中继、翻译或终结处理。其实质就是为了实现电话网端局与软交换设备的 No.7 信令互通，尤其实现信令承载层电路交换形式与 IP 形式的转换功能。一般 SG 包括 No.7 信令网接口、IP 网络接口、协议处理单元 3 个功能实体。

第二节 软交换技术

下一代网络是集语音、数据、传真和视频业务于一体的全新网络。在向未来网络发展的过程中，运营商们已经越来越清楚地意识到，业务已经逐渐成为运营商区别于同行而立于不败之地的主要因素。软交换思想正是在下一代网络建设的强烈需求下孕育而生的。

一、软交换的概念及特点

（一）软交换的概念

软交换（Soft Switch）的基本含义就是把呼叫控制功能从媒体网关（传输层）中分离出来，通过服务器上的软件实现基本呼叫功能。

（二）软交换的特点

1. 高效灵活

软交换体系结构的最大优势在于将应用层和控制层与核心网络完全分开，有利于以最快的速度、最有效的方式引入各类新业务，大大缩短了新业务的开发周期。利用该体系架构，用户可以非常灵活地享受所提供的业务和应用。

2. 开放性

由于软交换体系架构中的所有网络部件之间均采用标准协议，因此，各个部件之间既能独立发展、互不干涉，又能有机组合成一个整体，实现互连互通。这样，"开放性"成为软交换的一个最为主要的特点，运营商可以根据自己的需求选择市场上的优势产品，实现最佳配置，而无需拘泥于某个公司、某种型号的产品。

3. 多用户

软交换的设计思想迎合了电信网、计算机网及有线电视网三网合一的大趋势。模拟用户、数字用户、移动用户、ADSL用户、ISDN用户、IP窄带网络用户、IP宽带网络用户都可以享用软交换提供的业务，因此，它不仅为新兴运营商进入语音市场提供了有力的技术手段，也为传统运营商保持竞争优势开辟了有效的技术途径。目前各运营商都认为可以对软交换进行深入研究，探索其在网络发展、演进和融合过程中的作用。

4. 强大的业务功能

软交换可以利用标准的全开放应用平台为客户定制各种新业务和综合业务，最大限度地满足用户需求。特别是软交换可以提供包括语音、数据和多媒体等各种业务，这就是软交换被越来越多的运营商接受和利用的主要原因。

二、软交换系统的体系结构

（一）软交换系统的参考模型

软交换系统由传输平面、控制平面、应用平面、数据平面和管理层面构成。

根据传统通信网络的发展和演变，下一代电信网络将是以包交换为基本支撑网络的三层体系架构。其中，骨干层将由实现路由解析、域资源管理等功能的设备完成（如 H.323 体系中的 GK、SIP 体系中的重定位服务器等）。本地层将由软交换或 IP 市话等相关设备完成，为本地用户提供多媒体通信服务，并通过高层骨干网络管理设备与其他本地设备通信实现异地的用户间多媒体通信功能。而用户接入层将通过各种 MG（如与 PSTN 互通的 MG）、宽带接入设备、移动接入设备等接入至本地软交换处理。

（二）基于软交换技术的网络结构

在下一代网络中，应有一个较统一的网络系统结构。软交换位于网络控制层，较好地实现了基于分组网利用程控软件提供呼叫控制功能和媒体处理相分离的功能。

软交换与应用/业务层之间的接口提供访问各种数据库、三方应用平台、功能服务器等接口，实现对增值业务、管理业务和三方应用的支持。其中软交换与应用服务器间的接口可采用 SIP、API，以提供对三方应用和增值业务的支持；软交换与策略服务器间的接口对网络设备工作进行动态干预，可采用普通开放策略服务（Common Open Policy Service，COPS）协议；软交换与网关中心之间的接口实现网络管理，采用 SNMP；软交换与 INSCP 之间的接口实现对现有 IN 业务的支持，采用 INAP 协议。

应用服务器负责各种增值业务和智能业务的逻辑产生和管理，并且还提供各种开放的 API，为第三方业务的开发提供创作平台。应用服务器是一个独立的组件，与控制层的软交换无关，从而实现了业务与呼叫控制的分离，有利于新业务的引入。

MG 其主要功能是将一种网络中的媒体转换成另一种网络所要求的媒体格式。它提供多种接入方式，如数据用户接入、模拟用户接入、ISDN 接入、V5 接入、中继接入等。

通过核心分组网与媒体层网关的交互，接收处理中的呼叫相关信息，指示网关完成呼叫。其主要任务是在各点之间建立关系，这些关系可以是简单的呼叫，也可以是一个较为复杂的处理。软交换技术主要用于处理实时业务，如语音业务、视频业务、多媒体业务等。

软交换之间的接口实现不同于软交换之间的交互，可采用 SIP－T、H.323 或 BICC 协议。

三、软交换设备功能

软交换设备是整个软交换网络的核心，主要完成呼叫控制功能，相当于软交换网络的"大脑",是软交换网络中呼叫与控制的核心。

软交换作为多种逻辑功能实体的集合,提供综合业务的呼叫控制、连接以及部分业务提供功能,是下一代网络中语音/数据/视频业务呼叫、控制、业务提供的核心设备,也是目前电路交换网向下一代分组网演进的主要设备之一。

我国工信部在《软交换设备总体技术要求》中对软交换设备的定义如下:软交换设备(Soft Switch,SS)是电路交换网向分组网演进的核心设备,也是下一代电信网络的重要设备之一,它独立于底层承载协议,主要完成呼叫控制、媒体网关接入控制、资源分配、协议处理、路由、认证和计费等主要功能,并可以向用户提供现有电路交换机所能提供的业务以及多样化的第三方业务。

软交换网络的主要设计思想是业务/控制与传送/接入分离,各实体之间通过标准的协议进行连接和通信,其中软交换的主要功能包括以下几项:呼叫控制和处理功能、协议功能、业务提供功能、业务交换功能、互通功能、资源管理功能、计费功能、认证与授权功能、地址解析及路由功能、语音处理功能,以及与移动业务相关的功能等。

(一)呼叫控制和处理功能

软交换可以为基本呼叫的建立、保持和释放提供控制功能,包括呼叫处理、连接控制、智能呼叫触发检出和资源控制等。

软交换应可以接收来自业务交换功能的监视请求,并对其中与呼叫相关的事件进行处理。接受来自业务交换功能的呼叫控制相关信息,支持呼叫的建立和监视。

支持基本的两方呼叫控制功能和多方呼叫控制功能,提供多方呼叫控制功能,包括多方呼叫的特殊逻辑关系、呼叫成员的加入/退出/隔离/旁听以及混音过程的控制等口软交换应能够识别媒体网关报告的用户摘机、拨号和挂机等事件;控制媒体网关向用户发送各种音信号,如拨号音、振铃音和回铃音等;提供满足运营商需求的编号方案。

当软交换内部不包含信令网关时,软交换应该能够采用 SS7/IP 协议与外置的信令网关互通,完成整个呼叫的建立和释放功能,其主要承载协议采用 SCTP。

软交换应可以控制媒体网关发送 IVR,以完成诸如二次拨号等多种业务。

软交换可以同时直接与 H.248 终端、MGCP 终端和 SIP 客户端终端进行连接,提供相应业务。

(二)协议功能

开放性是软交换体系结构的一个主要特点,因此,软交换应具备丰富的协议功能。

呼叫控制协议：ISUP、TUP、PRI、BRI、BICC、SIP－T及H.323等。

传输控制协议：TCP、UDP、SCTP、M3UA及M2PA等。

媒体控制协议：H.248、MGCP及SIP等。

业务应用协议：PARLY、INAP、MAP、LDAP及RADIUS等。

维护管理协议：SNMP及COPS等。

它们分别应用于软交换与网络中其他部件之间，如软交换与媒体网关之间、软交换与信令网关之间、软交换与软交换之间、软交换与H.323终端之间等。

（三）业务提供功能

网络发展的根本目的是提供业务。目前，许多厂家提供的软交换可以支持电路交换机提供的业务，如软交换自身可以提供诸如呼叫前转、主叫号码显示、呼叫等待、缩位拨号、呼出限制、免打扰服务等程控交换机提供的补充业务，软交换还可以与现有智能网配合提供现有智能网提供的业务等。

下一代网络可以说是业务驱动的网络，软交换的引入主要是提供控制功能，而应用服务器（Application Server）则是下一代网络中业务支撑环境的主体，也是业务提供、开发和管理的核心，从这个角度来看，下一代网络是以软交换设备和应用服务器为核心的网络。软交换的业务提供功能应主要体现在可以与第三方合作，提供多种增值业务和智能业务。这样不仅增加了服务的种类，而且加快了服务应用的速度。

（四）业务交换功能

业务交换功能与呼叫控制功能相结合提供呼叫控制功能和业务控制功能（SCF）之间进行通信所要求的一系列功能。业务交换功能主要包括：（1）业务交互作用管理。（2）管理呼叫控制功能与SCF间的信令。（3）业务控制触发的识别以及与SCF间的通信。（4）按要求修改呼叫/连接处理功能，在SCF控制下处理IN业务请求。（5）软交换与网关设备共同完成智能网中SSP设备的功能，从而使得软交换网络的用户可以享有原智能网的业务。当软交换收到用户所拨叫号码后，经过号码分析识别为智能业务呼叫，则使用INAP协议通过信令网关将业务请求上报给SCP，由SCP中的业务逻辑完成业务控制；软交换接收到SCP的指令后，控制网关设备完成媒体接续功能。

（五）互通功能

（1）提供IP网内H.248终端、SIP终端和MGCP终端之间的互通。（2）软交换应可以通过信令网关实现分组网与现有No.7信令网的互通。（3）可以与其他软交换互通，它们之间的协议可以采用SIP或BICC。（4）可以通过软交换中的互通模块，采用 SIP 协议实现与未来 SIP 网络体系的互通。(5) 可以通过信令网关与现有智能网互通，为用户提供多种智能业务；允许 SCF 控制 VoIP 呼叫，且对呼叫信息进行操作（如号码显示等）。(6) 可以通过软交换中的互通模块，采用 H.323 协议实现与现有 H.323 体系的 IP 电话网的互通。

（六）资源管理功能

软交换应提供资源管理功能，对系统中的各种资源进行集中管理，如资源的分配、释放和控制等，接受网关的报告，掌握资源当前状态，对使用情况进行统计，以便决定此次呼叫请求是否进行接续等。

（七）计费功能

软交换应具有采集详细话单及复式计次功能，并能够按照运营商的需求将话单传送到相应计费中心。当使用记账卡等业务时，软交换应具备实时断线的功能。

软交换具有根据计费对象进行计费和信息采集的功能，并负责将采集信息送往计费中心。例如，当用户接入授权认证通过并开始通话时，由软交换启动计费计数器；当用户拆线或网络拆线时终止计费计数器，并将采集的原始记录数据 CDR（Call Detail Record）送到相应的计费中心，再由该计费中心根据费率生成账单，并汇总上交给相应的结算中心。再如，当采用账号（如记账卡用户）方式计费时，软交换应具有计费信息传送和实时断线功能。在用户接入授权认证通过后，与软交换连接的计费中心应从用户数据库（漫游用户应在其开户地计费中心查找）提取余额信息并折算成最大可通话时间传给软交换设备，软交换设备启动相应的定时器以免用户透支。开始通话时由软交换设备启动计费计数器，在用户拆线或网络拆线时终止计费计数器。最终由软交换设备将采集的数据送到相应的计费中心，由该计费中心生成 CDR，并根据费率生成用户账单并扣除记账卡用户的一定的余额（对漫游用户应将账单送到其开户地相应的计费中心，由它负责扣除记账卡用户的一定的余额），并汇总上交给相应的结算中心。

对智能业务的计费，主要是由 SCP 决定是否计费、计费类别及计费相关信息，但记录由软交换生成。当呼叫结束后，软交换将详细计费信息送往计费中心，将与分摊相关的信息送 IP 到 SCP，由 SCP 送往 SMP，再送到结算中心，由结算中心进行分摊。在软交换中应有计费类别（Charge Class）与具体的费率值的对应表。

计费的详细采集内容与各运营商的资费策略密切相关，但其主要内容可以包括日期、通话开始时间、通话终止时间、PSTN，qSDN 侧接通开始时间、PSTN/ISDN 侧释放时间、通话时长、卡号、接入号码、被叫用户号码、主叫用户号码、入字节数、出字节数、业务类别、主叫侧媒体网关/终端的 IP 地址、被叫侧媒体网关/终端的 IP 地址、主叫侧软交换设备 IP 地址、被叫侧软交换设备 IP 地址、通话终止原因等。

(八) 认证与授权功能

软交换应能够与认证中心连接，并可以将所管辖区域内的用户及媒体网关信息（如 IP 地址及 MAC 地址等）送往认证中心进行认证和授权，以防止非法用户/设备的接入。

(九) 地址解析及路由功能

软交换应可以完成 E.164 地址至 IP 地址及别名地址至 IP 地址的转换功能，同时也可完成重定向的功能。

能够对号码进行路由分析，通过预设的路由原则（如拥塞控制路由原则）找到合适的被叫软交换，将呼叫请求送至被叫软交换。

(十) 语音处理功能

软交换可以控制媒体网关之间语音编码方式的协商过程，语音编码算法至少包括 G.711、G.729 和 G.723 等。呼叫建立之前，软交换会分别向主/被叫网关发送可选的（按优先级由高到低的）编码方式列表，网关根据自身情况回送（按优先级由高到低的）编码方式列表，最后双方选取都支持的最高优先级编码方式，完成两个网关之间编码方式的协商。当网络发生拥塞时，软交换会控制网关设备切换至压缩率高的编码方式，减少网络负荷。当网络负荷恢复至正常时，软交换会控制网关设备切换至压缩率低的编码方式，提高业务质量。

软交换可以控制媒体网关是否采用回声抑制功能，提供的协议应至少包括 G.168 等。软交换能够向媒体网关提供语音包缓存区的最大容量，以减少抖动对语音质量带来的影响。

软交换可以控制媒体网关的增益的大小，并控制中继网关是否执行导通检验过程。

(十一) 与移动业务相关的功能

软交换具备无线市话交换局、移动交换局能提供的相关功能，包括用户鉴权、位置查询、号码解析及路由分析、呼叫控制、业务提供和计费等功能。

四、软交换协议

(一) H.248/MEGACO

H.248 是由 ITU－T 第 16 组提出来的，而 MEGACO 是由 IETF 提出来的。两个标准化组织在制定媒体网关控制协议过程中，相互联络和协商，因此，H.248 和 MEGACO 协议的内容基本相同。它们引入了终节点

（Termination）和关联（Context）两个重要概念。

终节点为媒体网关或 H.248 终端上发起或终接媒体或控制流的逻辑实体，一个终节点可发起或支持多个媒体或控制流，中继时隙 DS0、RTP 端口或 ATM 虚信道均可以用 Termination 进行抽象。关联用来描述终节点之间的连接关系。例如，拓扑结构、媒体混合或交换的方式等。

由于 H.248/MEGACO 是 ITU－T 和 IETF 共同推荐的协议，因此，许多设备制造商和运营商看好这个协议。

（二）H.323 协议

H.323 是一套较为成熟的电信级 IP 电话体系协议。1996 年 ITU 通过 H.323 规范时，是作为 H.320 的修改版，用于 LAN 上的会议电视。经过几次改版后，H.323 成为 IP 网关/终端在分组网上传送话音和多媒体业务所使用的核心协议，包括点到点、点到多点会议、呼叫控制、多媒体管理、带宽管理、LAN 与其他网络的接口等。H.323 建议是为多媒体会议系统而提出，并不是为 IP 电话专门提出的，只是 IP 电话，特别是电话到电话经由网关的这种 IP 电话工作方式，可以采用 H.323 建议来完成它要求的工作，因而 H.323 建议被"借"过来作为 IP 电话的标准。对 IP 电话来说，它不只用 H.323 建议，而且用了一系列建议，其中有 H.225、H.245、H.235、H.450、H.341 等。只是 H.323 建议是"总体技术要求"，因而通常把这种方式的 IP 电话称为 H.323IP 电话。H.323 建议是一个较为完备的建议书，它提供了一种集中处理和管理的工作模式。这种工作模式与电信网的管理方式是适配的，尤其适用于从电话到电话的 IP 电话网的构建（目前国内 IP 电话网络全部采用 H.323）。

（三）MGCP 协议

MGCP 协议是 H.323 电话网关分解的结果，由 IETF 的 MEGACO 工作组制定，具体内容可参考 IETFRFC2705。在软交换系统中，MGCP 协议主要用于软交换与媒体网关或软交换与 MGCP 终端之间控制过程。

MGCP 协议模型基于端点和连接两个构件进行建模。端点用来发送或接收数据流，可以是物理端点或虚拟端点；连接则由软交换控制网关或终端在呼叫所涉及的端点间进行建立，可以使点到点、点到多点连接。一个端点上可以建立多个连接，不同呼叫的连接可以终接于同一个端点。MGCP 命令分成连接处理和端点处理两类，共有 9 条命令。

（四）SIP 协议

SIP 是会话启动协议，是由 IETF 提出并主持研究的一个在 IP 网络上进行多媒体通信的应用层控制协议，它被用来创建、修改和终结一个或多个参加者参加的会话进程。其设计思想与 H.248、MEGACO/MGCP 完全不同，SIP 采用基于文本格式的客户机—服务器方式，以文本的形式表示消息的语法、语义和编码，客户机发起请求，服务器进行响应。SIP 主要用于 SIP 终端和软交换之间、软交换和软交换之间以及软交换和各种应用服务器之间。总的来说，会话启动协议能够支持下列 5 种多媒体通信的信令功能。

（五）SCTP 协议

SCTP（流控制传送协议）主要在无连接的网络上传送 PSTN 信令信息，该协议可以在 IP 网上提供可靠的数据传输。SCTP 可以在 IP 网上承载 No.7 信令，完成 IP 网与现有的 No.7 信令网和智能网的互通。同时，SCTP 还可以承载 H.248、ISDN、SIP、BICC 等控制协议，因此可以说，SCTP 是 IP 网上控制协议的主要承载者。

SCTP 具有以下特点：（1）SCTP 是一个单播协议，数据交换是在两个已知端点间进行。（2）它定义的定时器间隔比 TCP 协议的更短。（3）提供可靠的用户数据传输，检测什么时间数据被损坏或乱序，需要时可进行修复。（4）速率适应，可对网络拥塞作出响应，并按需要阻止回传。（5）支持多导航，每个 SCTP 端点可能被多个 IP 地址识别，对一个地址进行选路与其他地址无关，如果一条路由不可用，将会使用另一条路由。（6）使用基于 Cookies 的初始过程，以防止因业务冲突而遭拒绝。（7）支持捆绑，在单个 SCTP 消息中可以包含多个数据块，每块都可以包含一个完整的信令消息。（8）支持划分，单个信令消息可以被划分为多个 SCTP 消息，以便满足低层 PDU 的需要。（9）以面向消息的形式定义数据帧的结构，相反，TCP 协议在传送字节流时不强调结构。（10）具有多流的能力，数据被分成多个流，每个流都按独立的顺序传送，但 TCP 协议没有这样的特点。

（六）BICC 协议

BICC 协议提供了支持独立于承载技术和信令传送技术的窄带 ISDN 业务，BICC 协议属于应用层控制协议，可用于建立、修改、终结呼叫。

支持 BICC 信令的节点有多种，这些节点可以是具有承载控制功能（BCF）的服务节点（SN），也可以是不具有承载控制功能的媒体节点。

（七）M2PA 协议

M2PA（MTP2 层用户对等适配层协议）是把 No.7 信令的 MTP3 层适配到 SCTP 层的协议，它描述的传输机制可以使任何两个 No.7 节点通过 IP 网上的通信完成 MTP3 消息处理和信令网管理功能，因此，能够在 IP 网连接上提供与 MTP3 协议的无缝操作。此时，软交换具有一个独立的信令点。M2PA 提供的传输机制支持 IP 网络连接上的 MTP3 协议对等层的操作。

（八）M3UA 协议

M3UA（MTP3 层用户适配层协议）是把 No.7 信令的 MTP3 层用户信令适配到 SCTP 层的协议。它描述的传输机制支持全部 MTP3 用户消息（TUP、ISUP、SCCP）的传送、MTP3 用户协议对等层的无缝操作、SCTP 传送和话务管理、多个软交换之间的故障倒换和负荷分担以及状态改变的异步报告。M3UA 和上层用户之间使用的原语同 MTP3 与上层用户之间使用的原语相同，并且在底层也使用了 SCTP 所提供的服务。

第三节　移动 IPv6

越来越多的移动用户都希望能够以更加灵活的方式接入到 Internet 中去，而不会受到时空的限制。移动 IP 技术正式适应这种需求而产生的一种新的支持移动用户和 Internet 连接的互联技术，它能使移动用户在移动自己位置的同时无需中断正在进行的网络通信。

一、移动 IPv6 的基本术语及组成

（一）移动 IPv6 的基本术语

移动节点（Mobile Node，MN）：指移动 IPv6 中能够从一个链路的连接点移动到另一个链路的连接点，仍能通过其家乡地址被访问的节点。

通信节点（Correspondent Node，CN）：指所有与移动节点通信的节点，通信节点可以是静止的，也可以是移动的。

家乡代理（Home Agent，HA）：指移动节点家乡链路上的一个路由器。当移动节点离开家乡时，家乡代理允许移动节点向其注册当前的转交地址。

家乡地址（Home Address）：指分配给移动节点的 IPv6 地址。它属于移动节点的家乡链路，标准的 IP 路由机制会把发给移动节点家乡地址的分组发送到其家乡链路。

转交地址（Care of Address，CoA）：指移动节点访问外地链路时获得的 IPv6 地址。这个 IP 地址的子网前缀是外地子网前缀。移动节点同时可得到多个转交地址，其中注册到家乡代理的转交地址称为主转交地址。

家乡链路（Home link）：对应于移动节点家乡子网前缀的链路。标准 IP 路由机制会把目的地址是移动节点家乡地址的分组转发到移动节点的家乡链路。

外地链路（Foreign Link）：对于一个移动节点而言，指除了其家乡链路之

外的任何链路。

移动（Movement）：指移动节点改变其网络接入点的过程。如果移动节点当前不在它的家乡链路上，则称为离开家乡。

子网前缀（Subnet Prefix）：指同一网段上的所有地址中前面的相同部分。子网前缀是前缀路由技术的基础，IPv6中子网前缀的概念与IPv4中的子网掩码的概念类似。

家乡子网前缀（Home Subnet Prefix）：指对应于移动节点家乡地址的IP子网前缀。

外地子网前缀（Foreign Subnet Prefix）：对于一个移动节点而言，指除了其家乡链路之外的任何IP子网前缀。

绑定（Binding）：绑定也称为注册，是指移动节点的家乡地址和转交地址之间建立的对应关系。家乡代理通过这种关联把发送到家乡链路的属于移动节点的分组转发到其当前位置，通信节点通过这种关联也可以知道移动节点的当前接入点，从而实现通信的路由优化。

（二）移动IPv6的组成

移动IPv6与移动IPv4一样，同样包括家乡链路（Home Link）和外地链路（Foreign Link）的概念。家乡链路就是具有本地子网前缀的链路，移动节点使用本地子网前缀来创建家乡地址（Home Address）。外地链路就是非移动节点家乡链路的链路，外地链路具有外地子网前缀，移动节点使用外地子网前缀创建转交地址（care-of Address）。

移动IPv6中的家乡地址和转交地址的概念与移动IPv4中的基本相同。其中，移动IPv6的家乡地址就是移动节点在家乡链路时所获得的地址，无论移动节点位于IPv6互联网中的哪个位置，移动节点的家乡地址总是可到达的。移动IPv6的转交地址是移动节点位于外地链路时所使用的地址，由外地子网前缀和移动节点的接口ID组成。移动节点可同时具有多个转交地址，但是仅有一个转交地址可以在移动节点的家乡代理（Home Agent）中注册为主转交地址。

与移动IPv4不同，在移动IPv6中只有家乡代理的概念，而取消了外地代理。移动节点的家乡代理是家乡链路上的一台路由器，主要是负责维护离开本地链路的移动节点，以及这些移动节点所使用的地址信息。如果移动节点位于家乡链路，则家乡代理的作用与一般的路由器相同，它将目的地为移动节点的数据包正常转发给移动节点；当移动节点离开家乡链路时，则家乡代理将截取发往移动节点家乡地址的数据包，并将这些数据包通过隧道发往移动节点的转交地址。

在移动 IPv6 中，还有一个重要的组成部分就是对端节点。对端节点是与离开家乡的移动节点进行通信的 IPv6 节点。对端节点可以是一个固定节点，也可以是一个移动节点。

二、移动 IPv6 的工作原理

（1）移动节点利用路由器发现机制来确定其当前位置。（2）如果移动节点属于在它的家乡链路上，则和固定主机或路由器一样，以相同的机制收发数据包。（3）当移动节点在外地链路上时，可利用 IPv6 定义的地址自动配置机制获得其转交地址。（4）移动节点将其转交地址通知给它的家乡代理，同时，移动节点也可将它的转交地址通知给对应的通信节点，并更新其绑定缓存列表。（5）不知道移动节点转交地址的通信节点所发出的包首先要发送到移动节点的家乡网络，再由家乡代理通过隧道技术将其发送到移动节点的转交地址，移动节点解开数据包并更新其绑定缓存列表，直接将包发送到通信对端，通信对端接收数据包并更新其绑定缓存列表。（6）如果通信节点知道移动节点的转交地址，就可利用 IPv6 的选路报头直接将数据包发送到移动节点的转交地址。（7）由移动节点发出的数据包直接路由到目的节点，而不需要任何特殊的转发机制。（8）如果移动节点离开家乡网络后，由于家乡网络配置变更或其他原因，导致移动节点无法找到家乡代理。这时，移动 IPv6 就会利用"动态家乡代理发现机制"通过发送 ICMP 家乡代理地址发现请求消息，得到当前家乡链路上的家乡代理地址，从而保证能够注册其转交地址。

三、移动 IPv6 报文

（一）移动报头

移动 IPv6 定义了一个移动报头，其实质是一个新的 IPv6 扩展报头，主要作用是承载移动节点、通信节点和家乡代理间在绑定管理过程中使用的移动 IP 消息，这些消息都是封装在 IPv6 的扩展报头之中进行传送的。移动报头是通过前一个扩展报头的"下一个扩展报头"字段值 135 进行标识的。

（二）绑定更新请求报文

绑定更新请求报文（Binding Refresh Request Message，BRR）要求移动节点更新其移动绑定，移动报头类型字段的取值为 0，移动报头中报文数据内容为绑定更新请求报文的格式。

（三）转交测试初始报文

转交测试初始报文（Care-of Test Init，CoTI），移动节点使用该报文初始化返回路由可达过程，向通信节点请求转交密钥生成令牌。CoTI 报文的格式同 HoTI 的几乎一样，不同的只是把家乡初始 Cookie 替换为转交初始 Cookie。移动报文类型字段的取值为 2，移动报文中报文数据内容为转交测试初始报文的格式。

（四）家乡测试报文

家乡测试报文（Home Test Message，HoT）是对家乡转变测试初始报文的应答，是通信节点发往移动节点的。移动报文类型字段的取值为 3，移动报文中报文数据内容为家乡测试报文的格式。

（五）转交测试报文

转交测试报文（Care-of Test Message，CoT）是对转交测试初始报文的响应，从通信节点发往移动节点。移动报文类型字段的取值为 4，移动报文中报文数据内容为转交测试报文的格式。

（六）绑定更新报文

绑定更新报文（Binding Updae，BU）是移动节点使用绑定更新报文通知其他节点（主要是通信节点或家乡代理）自己的新的转交地址。移动报文类型字段的取值为 5，移动报文中报文数据内容为绑定更新报文的格式。

（七）绑定确认报文

绑定确认报文（Binding Acknowledgment Message，BA）用于确认收到了绑定更新，移动报文类型字段的取值为 6，移动报文中报文数据内容为绑定确认报文的格式。

（八）绑定错误报文

绑定错误报文（Binding Error Message），对端节点使用绑定错误报文表示与移动性相关的错误。移动报文类型字段的取值为 7，移动报文中报文数据内容为绑定错误报文的格式。

对于不需要在所有发送的绑定错误报文中出现的消息内容，可能存在与这些绑定错误报文相关的附加信息。移动选项允许对已经定义的绑定错误报文格式做进一步扩展。

若该报文中不存在实际选项，不需要字节填充，且报头长度字段将设为 2。

四、移动 IPv6 中的关键技术

（一）移动 IPv6 的安全技术

从物理层与数据链路层角度来看，移动节点多数情况是通过无线链路接入，无线链路是一种开发的链路，容易遭受窃听、重放或其他攻击。

从网络层移动 IP 协议角度来看，移动节点通过家乡代理和外地代理不断地从一个网络移动到另一个网络，使用代理发现、注册与隧道机制，实现与对端的通信。

代理发现机制很容易遭到一个恶意节点的攻击，它可以发出一个伪造的代理通告，使得移动节点认为当前绑定失效。

移动注册机制很容易受到拒绝服务攻击与假冒攻击。典型的拒绝服务攻击是攻击者向本地代理发送伪造的注册请求，把自己的 IP 地址当作移动节点的转交地址。在注册成功后，发送到移动节点的数据分组就被转发到攻击者，而真正的移动节点却接收不到数据分组。攻击者也可以通过窃听会话与截取分组，储藏一个有效的注册信息，然后采取重放的办法，向家乡代理注册一个依靠的转发地址。

对于隧道机制，攻击者可以伪造一个从移动节点到家乡代理的隧道分组，从而冒充移动节点非法访问家乡网络。

移动 IP 面临着一般 IP 网络中几乎所有的安全威胁，而且有特有的安全问题，家乡代理、外地代理与通信对端，以及注册与隧道机制都可能成为攻击的目标，因此，移动 IP 的安全问题是研究的重要方向之一。

（二）移动 IPv6 快速切换技术

移动 IPv6 已经提供了切换过程，但是在某些情况下不适合支持实时应用程序。研究切换的目的是要减少切换的延迟和丢包率，这样，移动 IPv6 才能很好地运行实时应用的移动节点的移动问题。

快速切换于 2005 年 7 月成为 IETF 发布的"移动 IPv6 的快速切换（Fast Handover for Mo－bile IPv6，FMIPv6）"协议标准，定义在 RFC4068 中，其核心思想是有移动节点预测网络层的移动，在断开当前链路前，能够发现新的路由器和网络前缀并进行切换预处理。

移动节点发送路由代理请求报文（Router Solicitation for Proxy，RtSolPr）上发现邻居接入路由器。当移动节点发现新的接入点（Access Point，AP）时，它预测到自己将要进行切换，于是发送 RtSolPr 消息给旧的接入路由器（Previous Access Router，PAR）。

移动节点收到代理路由通告报文（Proxy Router Advertisement，PrRtAdv），该报文由 PAR 发送给移动节点，作为对 RtSolPr 报文的响应。PrRtAdv 提供了与新发现 AP 相对应的 NAR 的子网前缀或者 IP 地址信息。移动节点使用这些信息配置新的转交地址（New Care－of Address，NCoA）。

移动节点发送快速绑定更新报文（Fast Binding Update，FBU）到旧的接入路由器。这样，PAR 就可以建立移动节点旧的转交地址（Previous Care－of Address，PCoA）与 NCoA 的绑定以及它到 NAR 的分组转发隧道。

旧的接入路由器发送切换初始化报文（Handover Initiate，HI）给新的接入路由器。在收到 FBU 消息之后，PAR 发送该报文给 NAR。HI 报文包含移动节点的 PCoA 和 NCoA，使得 NAR 可以通过重复地址检测过程检查 NCoA 的合法性。HI 报文的另外一个作用是建立 NAR 到 PAR 的反向隧道，该隧道将移动节点发送的分组转发给 PAR 新的接入路由器发送切换确认报文给旧的接入路由器。

旧的接入路由器发送快速绑定确认报文（Handover Acknowledgement，HAck）给处于新链路上的移动节点，同时这个报文也发送到生成绑定更新报文的链路。该报文由 NAR 发送给 PAR，作为对 HI 报文的确认。它指示 NCoA 是合法的，或提供另一个合法的 NCoA 给移动节点。

移动节点 MN 连接到新的链路后，发送快速邻居通告报文（Fast Binding Acknowledgement）给新的接入路由器。该报文由 PAR 发送给移动节点，指示 FBU 报文是否成功。否定的确认报文指明是因为 NCoA 不合法还是其他原因导致 FBU 失败。

移动节点 MN 连接到新的链路后，发送快速邻居通告报文（Fast Neighbor Advertisement，FNA）。该报文由移动节点发送给 NAR，通告它的到达。FNA 报文同时触发一个路由器通告作为响应，指示 NCoA 是否合法。

（三）移动 IPv6 的服务质量支持

移动节点改变网络接入点时，数据报经过的网络链路会发生变化，在不同的网络链路中需要提供适当的服务质量支持。需要对运行在移动节点上的应用程序提供可用的服务质量保证。

移动 IPv6 服务质量支持技术主要有基于 RSVP 的移动 IPv6 服务质量（QoS）体系和层次化移动管理（HMIPv6）。

基于 RSVP 的移动 IPv6 服务质量体系提出了一套用于移动网络中的信令协议，当移动节点从一个子网移动另一个子网时，允许移动节点在当前位置的路径上建立和维持资源预留。通过对 IPv6 流标记（Flow Label）字段的应用设置实现对服务质量的支持。流标记是按位产生的伪随机数，在一定的时间内，源端不能重用流标记。如果流标记字段值为 0，则表明这个数据报不属于任何流。

如果采用移动节点的转交地址来标识数据流，当移动节点移动到另一个子网时，携带了新的转交地址的 PATH 报文与 RSVP 报文将会触发预留路径上的路由器进行新的资源预留，而不是重用原来设置的资源预留。可以看出，无论移动节点作为源端或目的端，都必须在切换后在新的路径上重新进行资源预留，不能实现流透明。

HM IPv6 对移动 IPv6 的扩展对移动节点和家乡代理的操作进行了少量的修改,没有对通信对端节点操作做改动。HM IPv6 引入了两个转交地址的概念,即一个是移动节点在 MAP 上获得的区域转交地址(Regiona Care－of Address,RCoA),以 RCoA 作为转交地址注册到家乡代理和通信对端节点;另一个移动节点的接入地址称为接入链路转交地址(onLink Care－of Address,LCoA),当移动节点在 MAP 管理区域内改变了 LCoA 时,仅需要向 MAP 注册更新,不需要向家乡代理和对端节点注册。可以认为,MAP 就相当于移动节点的本地家乡代理(Local Hone Agent,LHA),MAP 代表注册在其上的移动节点接收所有的数据报,并经过隧道封装发送到移动节点的 LCoA。

第四节 多协议标记交换技术

一、MPLS 概述

多协议标记交换(Multi－Protocol Label Switching,MPLS)是 IP 通信领域中的一种新兴的网络技术,这种技术将第三层路由和第二层交换结合起来,是对传统 IP Over ATM 技术的改进,从而把 IP 的灵活性,可扩展性与 ATM 技术的高性能性,QoS 性能,流量控制性能有机地结合起来。其基本思想表现在 MPLS 网络上即为边缘路由和核心交换。MPLS 不仅能够解决当前 Internet 网络中存在的大量问题,而且能够支持许多新的功能,是一种理想的 IP 骨干网络技术。

需要说明的是,虽然把 MPLS 视为一种集成模型的 IP Over ATM 技术,但实际上 MPLS 是一种支持多协议技术。它既可以支持 IP、IPX 等网络层协议,又可运行在 Ethernet、FDDI、ATM、帧中继、PPP 等多种数据链路层上。它既源于传统的标记交换技术,又不同于传统的标记交换技术,因而它们之间存在着很多相似点,但也有着重要区别。

正是由于标记交换技术不受限于某一具体的网络层协议,并且具有高性能转发特性,因此,被广大网络研究者认同。到目前为止关于 MPLS 的各种草案多达 140 个,速度之快,也是前所未有的。同时,在研究界也发表了大量有关 MPLS 的论文,但至今还没有一个国际标准化组织颁布关于 MPLS 核心规范的标准。这说明 MPLS 的研究还处于"百家争鸣"阶段,有很多技术还不完善,在与传统的 Internet 技术集成时,还存在许多未解决的问题。

二、MPLS 的体系结构与工作原理

由 MPLSLSR 构成的网络区域称为 MPLS 域，位于 MPLS 域边缘与其他网络或用户相连的 LSR 称为边缘 LSR（LER），而位于 MPLS 域内部的 LSR 则称为核心 LSR。LSR 既可以是专用的 MPLS LSR，也可以是由 ATM 等交换机升级而成的 ATM－LSR。

MPLS 网络的信令控制协议称为标记分发协议（LDP）。MPLS 网络与传统 IP 网络的不同主要在于 MPLS 域中使用了标记交换路由器，域内部 LSR 之间使用 MPLS 协议进行通信，而在 MPLS 域的边缘由 MPLS 边缘路由器进行与传统 IP 技术的适配。

标记是一个长度固定、具有本地意义的短标识符，用于标识一个转发等价类。特定分组上的标记代表着分配给该分组的转发等价类。MPLS 允许标记是世界唯一的，或者每个节点唯一的或者每个接口唯一的。MPLS 的标记可以具有广泛的粒度，如可以为最佳颗粒度，即路由表中的每一个地址前缀都属于一个转发等价类；也可以是中等颗粒度的，即网络的每一个外部接口归为一个等级，将所有通过某一接口离开网络的分组归为一类；也可以为粗颗粒度的，即每一个节点归为一个等级，将所有通过某一节点离开网络的分组归为一类。但需要注意的是，相邻 LSR 之间的粒度不一致可能会产生问题。

标记交换的具体工作过程，简单来说主要包括以下几个步骤：（1）标记分发协议和传统路由协议（OSPF 和 ISIS 等）一起，在各个 LSR 中为有业务需求的转发等价类建立路由表和标记映射表。（2）边缘路由器接收分组，完成第三层功能，判定分组所属的转发等价类，并给分组加上标记形成 MPLS 标记分组。（3）此后，在 LSR 构成的网络中，LSR 对标记分组不再进行任何第三层处理，只是依据分组上的标记和标记转发表通过交换单元对其进行转发。（4）在 MPLS 出口的路由器上，将分组中的标记去掉后继续进行转发。

三、MPLS 标记分发

（一）本地绑定和远程绑定

本地绑定是由 LSR 自己决定的 FEC 与标记之间的绑定关系，而远程绑定是 LSR 根据其相邻节点（上游或下游）发来的标记绑定消息来决定的 FEC 与标记之间的绑定关系，本地绑定标记选择的决定权在本地 LSR，而远程绑定标记选择的决定权在相邻的 LSR，远程绑定的 LSR 只是遵从相邻 LSR 的绑定选择。

（二）上游绑定和下游绑定

上游绑定是指 LSR 的输入端口采用远程绑定，而输出端口采用本地绑定，而下游绑定是指 LSR 的输入端口采用本地绑定，输出端口采用远程绑定，即用其他 LSR 传来的标记来填写自己标记转发表的输出端口部分。上游绑定中标记绑定的消息与带有标记的分组传送方向相同，绑定产生的起始点在上游的首端，而下游绑定则完全相反，标记绑定的消息与带有标记的分组传送方向相反，绑定产生于下游的末端。

下游绑定数据流的方向与标记映射消息的方向相反，如果标记绑定的建立需要标记请求信息，则该方式为按需提供方式，否则为主动提供方式；如果标记绑定的建立需要标记映射消息，则为有序方式，否则为独立方式，如果标记请求消息和标记映射消息需要同时满足才能建立标记绑定，则为下游按需有序的标记分发方式。

（三）按需提供方式和主动提供方式

按需提供方式是指 LSR 在收到标记请求消息后才开始决定本地的标记绑定，而主动提供方式则不受此限制，例如，在路由协议收敛后，只要有了稳定的路由表，LSR 就可以直接根据路由表对 FEC 分发标记，而无需等到相邻 LSR 向自己发标记请求消息后才建立绑定关系。

（四）有序方式和独立方式

有序方式是指相邻的 LSR 向本地 LSR 发出标记映射消息后，本地 LSR 才建立 FEC 和标记的绑定，独立方式则是 LSR 无需收到标记映射消息，各个 LSR 独立建立标记绑定并向相邻的 LSR 发送标记映射消息。

（五）数据驱动方式与拓扑驱动方式

数据驱动是指 LSR 在有数据发送时，才建立 LSP，而拓扑驱动是指 LSR 根据路由表中的内容建立 LSP，而不管是否有实际的数据传送。

第五节 IP 多媒体子系统

一、IMS 概述

IMS 的全称为 IP 多媒体核心网子系统，简称为 IP 多媒体子系统（IP Multimedia Subsystem，IMS）。IMS 能够成为 NGN 的核心，是因为 IMS 具有很多能够满足 NGN 需求的优点。除了上面提到的与接入无关的特点外，IMS 还具有其他一些特点。

（一）基于 SIP 协议

IMS 中使用 SIP 作为唯一的会话控制协议。为了实现接入的独立性，IMS 采用 SIP 作为会话控制协议，这是因为 SIP 协议本身是一个端到端的应用协议，与接入方式没有任何关联。此外，由于 SIP 是由 IETF 提出的使用于 Internet 上的协议，因此，使用 SIP 协议也增强了 IMS 与 Internet 的互操作性。但是 3GPP 在制定 IMS 标准时对原来的 IETF 的 SIP 标准进行了一些扩展，主要是为了支持终端的移动特性和一些 QoS 策略的控制和实施等，因此，当 IMS 的用户与传统 Internet 的 SIP 终端进行通信时，会存在一些障碍，这也是 IMS 目前存在的一个问题。

SIP 协议是 IMS 中唯一的会话控制协议，但不是说 IMS 体系中只会用到 SIP 协议，IMS 也会用到其他的一些协议，但其他的这些协议并不用于对呼叫的控制。如 Diameter 用于 CSCF 与 HSS 之间，COPS 用于策略的管理和控制，H.248 用于对媒体网关的控制等。

（二）接入无关性

IMS 是一个独立于接入技术的基于 IP 的标准体系，它与现存的语音和数据网络都可以互通，不论是固定用户还是移动用户。IMS 网络的用户与网络是通过 IP 连通的，即通过 IP-CAN（IP Connectivity Access Network）来连接。例如，WCDMA 的无线接入网络（RAN）以及分组域网络构成了移动终端接入 IMS 网络的 IP-CAN，用户可以通过 PS 域的 GGSN 接入到 IMS 网络。而为了支持 WLAN、WiMAX、XDSL 等不同的接入技术，会产生不同的 IP-CAN 类型。IMS 的核心控制部分与 IP-CAN 是相独立的，只要终端与 IMS 网络可以通过一定的 IP-CAN 建立 IP 连接，则终端就能利用 IMS 网络来进行通信，而不管这个终端是何种类型的终端。

IMS 的体系使得各种类型的终端都可以建立起对等的 IP 通信，并可以获得所需要的服务质量。除会话管理之外，IMS 体系还涉及完成服务所必需的功能，如注册、安全、计费、承载控制、漫游等。

（三）网络融合的平台

IMS 的出现使得网络融合成为可能。IMS 具有一个商用网络所必须拥有的一些能力，包括 QoS 控制、计费能力、安全策略等，IMS 从最初提出就对这些方面进行了充分的考虑。正因为如此，IMS 才能够被运营商接受并被运营商寄予厚望。运营商希望通过 IMS 这样一个统一的平台，来融合各种网络，为各种类型的终端用户提供丰富多彩的服务，无需同以前那样使用传统的"烟囱"模式来部署新业务，从而减少重复投资，简化网络结构，减少网络的运营成本。

（四）提供丰富的组合业务

IMS在个人业务实现方面采用比传统网络更加面向用户的方法。IMS给用户带来的一个直接好处就是实现了端到端的IP多媒体通信。传统的多媒体业务是人到内容或人到服务器的通信方式，而IMS是直接的人到人的多媒体通信方式。同时，IMS具有在多媒体会话和呼叫过程中增加、修改和删除会话和业务的能力，并且还可以对不同的业务进行区分和计费的能力。因此对用户而言，IMS业务以高度个性化和可管理的方式支持个人与个人以及个人与信息内容之间的多媒体通信，包括语音、文本、图片和视频或这些媒体的组合。

二、IMS的功能实体与接口

（一）IMS的功能实体

1. HSS

归属用户服务器HSS是IMS中所有与用户和服务相关的数据的主要数据存储器。存储在HSS中的数据主要包括用户身份、注册信息、接入参数和服务触发信息。

用户身份分为私有用户身份和公共用户身份。私有用户身份是由归属网络运营商分配的用户身份，用于注册和授权等用途。而公共用户身份用于其他用户向该用户发起通信请求。IMS接入参数用于会话建立，它包括诸如用户认证、漫游授权和分配S－CSCF的名字等。服务触发信息使SIP服务得以执行。HSS也提供各个用户对S－CSCF能力方面的特定要求，这个信息被I－CSCF用来为用户挑选最合适的S－CSCF。

在一个归属网络中可以有不止一个HSS，这依赖于用户的数目、设备容量和网络的架构。在HSS与其他网络实体之间存在多个参考点。

2. CSCF

CSCF（Call Session Control Function）叫做呼叫会话控制功能，它是IMS体系的核心，根据功能不同CSCF又分为P－CSCF、I－CSCF和S－CSCF。

（1）DP－CSCF

P－CSCF即Proxy－CSCF，叫做代理呼叫会话控制功能。它是IMS系统中用户的第一个接触点，所有SIP信令流，无论是来自UEC User Equipment)或者发给UE，都必须通过P－CSCF。正如这个实体的名字所指出的，P－CSCF的行为很像一个代理。P－CSCF负责验证请求，将它转发给指定的目标，并且处理和转发响应。同一个运营商的网络中可以有一个或者多个P－

CSCF。

(2) H-CSCF

I-CSCF又称为问询CSCF,它是一个运营商网络中为所有连接到这个运营商的某一用户的连接提供的联系点。在一个运营商的网络中I-CSCF可以有多个。

(3) S-CSCF

S-CSCF又称为服务CSCF,它位于归属网络,是IMS的核心所在,为UE进行会话控制和注册服务。当UE处于会话中时,S-CSCF维持会话状态,并且根据网络运营商对服务支持的需要,与服务平台和计费功能进行交互。在一个运营商的网络中,可以有多个S-CSCF,并且这些S-CSCF可以具有不同的功能。

3. MRFC

多媒体资源功能控制器MRFC用于支持和承载相关的服务,例如,会议、对用户公告、进行承载代码转换等。MRFC解释从S-CSCF收到的SIP信令,并且使用媒体网关控制协议指令来控制多媒体资源功能处理器MRFP。MRFC还能够发送计费信息给CCF和OCS。

4. MRFP

多媒体资源功能处理器MRFP提供被MRFC所请求和指示的用户平面资源。MRFP具有下列功能:(1)在MRFC的控制下进行媒体流及特殊资源的控制。(2)支持多方媒体流的混合功能(如音频/视频多方会议)。(3)支持媒体流发送源处理的功能(如多媒体公告)。(4)在外部提供RTP/IP的媒体流连接和相关资源。(5)支持媒体流的处理功能(如音频的编解码转换和媒体分析)。

5. IMS-MGW

IMS多媒体网关功能IMS-MGW提供CS网络和IMS之间的用户平面链路,它直接受MGCF的控制。它终结来自CS网络的承载信道和来自骨干网(例如,IP网络中的RTP流或者ATM骨干网中的AAL2/ATM连接)的媒体流,执行这些终结之间的转换,并且在需要时为用户平面进行代码转换和信号处理。另外,IMS-MGW能够提供音调和公告给CS用户。

6. MGCF

媒体网关控制功能MGCF是使IMS用户和CS用户之间可以进行通信的网关。所有来自CS用户的呼叫控制信令都指向MGCF,它负责进行ISDN用户部分(ISUP)或承载无关呼叫控制(BICC)与SIP协议之间的转换,并且将会话转发给IMS。类似地,所有IMS发起到CS用户的会话也经过MGCF。

MGCF 还控制与其关联的用户平面实体——IMS 多媒体网关 IMS－MGW 中的媒体通道。另外，MCCF 能够报告计费信息给 CCF。

7. PDF

PDF 根据 AF（Application Function，如 P－CSCF）的策略建立信息来决定策略。PDF 的基本功能包括：（1）支持来自 AF 的授权建立处理及向 GGSN 下发 SBLP 策略信息。（2）支持来自 AF 或者 GGSN 的授权修改及向 GGSN 更新策略信息。（3）支持来自 AF 或者 GGSN 的授权撤销及策略信息删除。（4）为 AF 和 GGSN 进行计费信息交换，支持 ICID 交换和 GCID 交换。（5）支持策略门控功能，控制用户的媒体流是否允许经过 GGSN，以便为计费和呼叫保持/恢复补充业务进行支撑。（6）指示的授权请求处理以及呼叫应答时授权信息的更新。

8. SGW

信令网关 SGW 用于不同信令网的互连，作用类似于软交换系统中的信令网关。SGW 在基于 No.7 信令系统的信令传输和基于 IP 的信令传输之间进行传输层的双向信令转换。SGW 不对应用层的消息进行解释。

9. BGCF

出口网关控制功能 BGCF 负责选择到 CS 域的出口的位置。所选择的出口既可以与 BC－CF 处在同一网络，又可以是位于另一个网络。如果这个出口位于相同网络，那么 BGCF 选择媒体网关控制功能（MGCF）进行进一步的会话处理；如果出口位于另一个网络，那么 BGCF 将会话转发到相应网络的 BGCF。另外，BGCF 能够报告计费信息给 CCF，并且收集统计信息。

10. AS

应用服务器 AS 是为 IMS 提供各种业务逻辑的功能实体，与软交换体系中的应用服务器的功能相同，这里就不进行更多的介绍了。

11. SEG

安全网关 SEG 是为了保护 IMS 域的安全而引入的，控制平面的业务流在进入或者离开安全域之前要先通过安全网关。安全域是指由单一管理机构管理的网络，一般来说，它的边界就是运营商的边界。SEG 放在安全域的边界，并且它针对目标安全域的其他 SEG 执行本安全域的安全策略。网络运营商可以在其网络中部署不止一个 SEG，以避免单点故障。

12. GPRS 实体

（1）DGGSN

GPRS 网关支持节点 GGSN 提供与外部分组数据网之间的配合。GGSN 的主要功能就是提供外部数据网与 UE 之间的连接，而基于 IP 的应用和服务位于外部数据网之中。例如，外部数据网可以是 IMS 或者 Internet。换句话，GGSN 将包含 SIP 信令的 IP 包从 UE 转发到 P-CSCF。另外，GGSN 负责将 IMS 媒体 IP 包向目标网络转发，例如，目标网络的 GGSN。所提供的网络互连服务通过接入点来实现，接入点与用户希望连接的不同网络相关。在大多数情况下，IMS 有其自身的接入点。当 UE 激活到一个接入点（IMS）的承载（PDP 上下文）时，GGSN 分配一个动态 1P 地址给 UE。这个 IP 地址在 IMS 注册并和 UE 发起一个会话时，作为 UE 的联系地址。另外，GGSN 还负责修正和管理 IMS 媒体业务流对 PDP 上下文的使用，并且生成计费信息。

（2）SGSN

GPRS 服务支持节点 SGSN 连接 RAN 和分组核心网。它负责为 PS 域进行控制和提供服务处理功能。控制部分包括移动性管理和会话管理两大主要功能。移动性管理负责处理 UE 的位置和状态，并且对用户和 UE 进行认证。会话管理负责处理连接接纳控制和处理现有数据连接中的任何变化，它也负责监督管理 3G 网络的服务和资源，而且还负责对业务流的处理。SG-SN 作为一个网关，负责用隧道来转发用户数据，即它在 UE 和 GGSN 之间中继用户业务流。作为这个功能的一部分，SGSN 也需要保证这些连接接收到适当的 QoS；另外，SGSN 还会生成计费信息。

（二）IMS 的接口

1. Gm 接口

Gm 接口用于连接 UE 和 P-CSCF 之间的通信，采用 SIP 协议，传输 UE 与 IMS 之间的所有 SIP 消息，主要功能包括：（1）IMS 用户的注册和鉴权。（2）IMS 用户的会话控制。

2. Cx 接口

Cx 接口用于 CSCF 与 HSS 之间的通信，采用 Diameter 协议。该接口主要功能包括：（1）为注册用户指派 S-CSCF。（2）CSCF 通过 HSS 查询路由信息。（3）授权处理，检查用户漫游是否许可。（4）鉴权处理，在 HSS 和 CSCF 之间传递用户的安全参数。（5）过滤规则控制，从 HSS 下载用户的过滤参数到 S-CSCF 上。

3. Dx 接口

Dx 接口用于 CSCF 和 SLF 之间的通信以及 AS 和 SLF 之间的通信。其中 CSCF 和 SIJF 之间的通信，采用 Diameter 协议，通过该接口可确定用户签约数据所在的 HSS 的地址。

用于 AS 和 SLF 之间的通信的 Dx 接口提供以下功能：（1）从应用服务器中查询订购所在位置（HSS）的操作。（2）提供该 HSS 的名字给应用服务器的响应。

4. Mg 接口

Mg 接口用于 I—CSCF 与 MGCF 之间，采用 SIP 协议。当 MGCF 收到 CS 域的会话信令后，它将该信令转换成 SIP 信令，然后通过 Mg 接口将 SIP 信令转发到 I—CSCF。

5. Mr 接口

Mr 接口用于 CSCF 与 MRFC 之间的通信，采用 SIP。该接口主要功能是 CSCF 传递来自 SIPAS 的资源请求消息到 MRFC，由 MRFC 最终控制 MRFP 完成与 IMS 终端用户之间的用户面承载建立。

6. Mb 接口

通过 Mb 接口，IPv6 网络服务可以被接入。这些 IPv6 网络服务被用来传输用户数据的。值得注意的是，GPRS 提供 IPv6 网络服务给 UE，也就是说，GPRS Gi 接口和 IMS Mb 接口可能是相同的。

7. Mp 接口

Mp 接口用于 MRFC 与 MRFP 之间的通信，采用 H，248 协议。MRFC 通过该接口控制 MRFP 处理媒体资源，如放音、会议、DTMF 收发等资源。

8. Mw 接口

Mw 接口用于连接不同 CSCF，采用 SIP 协议，该接口的主要功能是在各类 CSCF 之间转发注册、会话控制及其他 SIP 消息。

9. Mi 接口

Mi 接口用于 BGCF 与 CSCF 之间，采用 SIP 协议。该接口主要功能是在 IMS 网络和 CS 域互通时，在 CSCF 和 BGCF 之间传递会话控制信令。

10. Mj 接口

Mj 接口用于 BGCF 与 MGCF 之间，采用 SIP 协议。该接口主要功能是在 IMS 网络和 CS 域互通时，在 BGCF 和 MGCF 之间传递会话控制信令。

11. Mk 接口

Mk 接口用于 BGCF 与 BGCF 之间的通信，采用 SIP 协议。该接口主要用于 IMS 用户呼叫 PSTN/CS 用户，而其互通节点 MGCF 与主叫 S—CSCF 不在 IMS 域时，与主叫 S—CSCF 在同一网络中的 BGCF 将会话控制信令转发到互通节点 MGCF 所在网络的 BGCF。

12. Mm 接口

Mm 接口用于 CSCF 与其他 IP 网络之间，负责接收并处理一个 SIP 服务器或终端的会话请求。

13. ISC 接口

ISC 接口用于 CSCF 与 AS 之间，采用 SIP 协议。该接口用于传送 CSCF 与 AS 之间的 S1P 信令，为用户提供各种业务。

14. Sh 接口

应用服务器（SIP 应用服务器/OSA 业务能力服务器/IM－SSF）会与 HSS 通信。Sh 接口作用就在于此。

15. Si 接口

Si 接口是 HSS 与 IM－SSF 间的接口，它用于传输 CAMEL 订购信息，该信息包括从 HSS 到 IM－SSF 的触发器。使用 MAP（移动应用部分）。

16. Ut 接口

Ut 接口位于 UE 与 SIP 应用服务器（AS）之间。Ut 接口使得用户能够安全地管理和配置它在 AS 上的与网络服务相关的信息。用户使用 Ut 接口创建和分配公共服务身份（PSI），用于呈现业务，会议策略管理等的认证策略管理。AS 可能需要为 Ut 提供安全保障。Ut 接口使用的是 HTTP。

三、IMS 的安全技术

（一）认证

用户与 IMS 网络的相互认证是在用户注册的过程中完成的，认证采用的机制是 IMSA－KA，流程完全类似于 UMTS 的 AKA。这个认证是基于存在于 ISIM 和 HSS 内的认证密钥进行的。在 AKA 过程中将会产生一对加密和完整性密钥，这两个密钥是用于 UE 和 P－CSCF 之间加密和完整化保护的会话密钥。

（二）完整性保护

在 IMS 中，采用 IPsec ESP 为 UE 和 P－CSCF 之间的 SIP 信令提供完整性保护，它应用于 UE 和 P－CSCF 之间的 Gm 接口，同时保护 IP 上的所有信令，它以传输模式完成完整性保护，提供以下机制：（1）UE 和 P－CSCF 将协商会话中使用的完整性保护算法。（2）UE 和 P－CSCF 将就安全联盟达成一致，该安全联盟包含完整性保护算法所使用的完整性密钥。（3）UE 和 P－CSCF 都会验证所收到的数据，验证数据是否被篡改过。（4）减轻重放攻击和反射攻击。

（三）SA 协商

SA 协商是指两个实体间的一种关系，这种关系定义它们如何使用安全服务来保证通信的安全，这包括使用什么样的安全协议、采用什么安全算法来进行加密以及完整化保护等。

（四）接入网安全

主要是利用 IPSecESP 传输模式来对 UE 和 P－CSCF 之间的信令和消息进行强制的完整化保护以及可选的加密保护。

（五）网络域的安全

IMS 网络域的安全使用 hop－by－hop 的安全模式，对网络实体之间的每一个通信进行单独的保护，保护措施用的是 IPSec ESP，协商密钥的方法是 IKE。

（六）网络拓扑结构的隐藏

对于运营商而言，网络的运作细节是敏感的商业信息，运营商不太可能与他们的竞争对手共享这些信息。然而在某些情况下，这些信息的共享是必需的。因此，运营商可决定是否需要隐藏其网络内部拓扑，包括隐藏 S－CSCF 的容量、S－CSCF 的能力，网络隐藏机制是可选的。

归属网络中的所有 I－CSCF 将共享一个加密和解密密钥 KV。如果使用这个机制，则运营商操作策略声明的拓扑将被隐藏，当 I－CSCF 向隐藏网络域的外部转发 SIP 请求或响应时，它将加密这些隐藏的信息单元。这些隐藏的信息单元是 SIP 头的实体，如途径（Via）、记录路由（Re－cord－Route）、路由（Route）和路径（Path），它们包含了隐藏网络 SIP 代理的地址。当 I－CSCF 从隐藏网络域外收到一个 SIP 请求或响应时，I－CSCF 将解密被本隐藏网络域的 I－CSCF 加密的信息单元。P－CSCF 可能收到一被加密的路由信息，但 P－CSCF 没有密钥解密它们。

第七章　人工智能的应用及发展

第一节　智能商务

为了在市场竞争中保持领先地位，电子商务和零售企业一直在寻找新的技巧和技术来了解消费者的行为和模式，这将有助于他们调整战略以超越竞争对手。

一、智能商务基础

电子商务是利用信息网络技术，以商品交换为中心的一种商务活动，是对传统商业活动各个环节的网络化、信息化。目前，电子商务体系已经发展成熟，同时其用户规模也逐渐触及网民规模的天花板，各大电商平台都积极开拓新的营销模式。

商务智能（Business Intelligence，BI），又称商业智慧，指用现代数据仓库技术、线上分析处理技术、数据挖掘和数据展现技术进行数据分析以实现商业价值。商业智能通常被理解为将企业中现有的数据转化为知识，帮助企业做出明智的业务经营决策的工具。因此，可以将商务智能看成一种解决方案。

2021年3月，"十四五"规划纲要中对智能经济寄予厚望。规划纲要中，"智能"一词出现七次。规划纲要明确要"推动互联网、大数据、人工智能同各产业深度融合，构建一批各具特色、优势互补、结构合理的战略性新兴产业增长引擎，培育新技术、新产品、新业态、新模式。"

（一）智能商务概述

人工智能的本质是通过物联网、大数据、云计算等技术，对庞大的行业数据进行搜集、分析和应用。人工智能技术的应用已经遍布生产、生活的各个方面。商务是人工智能技术应用的主战场之一，也是直观效益最明显的场景之一。人工智能技术在商务领域的应用大大促进了智能商务的发展，在商务活动的过程中，人的作用日益降低，平台和系统自动服务的功能日益强大。智能商务在制定决策、提升效率、创造收益和提升用户体验等方面发挥了重要的作用。

对于用户，人工智能技术的应用可以帮助用户提升个人购物体验，包含语音服务、图像服务、推荐系统和广告过滤等智能服务。对于商家，可以在多个方面运用人工智能技术提升其市场竞争力，包含市场需求分析、客户群定位、广告精准投放、智能客服、动态定价等，提高企业商家的经营效率。

智能商务在向着更多的数据分析、交易推荐、人机互动、商务拓展、体验升级等方向发展，让网络交易系统能够像人一样推理、思考和行动，自主解决和处理商业过程中出现的问题，完成以往需要人的智力才能胜任的活动。

(二) 智能商务的体系架构

人工智能的核心要素是数据、算法和算力，利用大数据、数据挖掘和深度学习算法，开采数据矿山中的价值资源。智能商务可以划分为基础层（计算基础设施）、技术层（软件算法及平台）和应用层（行业应用及产品）。

1. 基础层

基础层包括数据、算法和算力。

(1) 数据

深度学习算法的核心在于通过优质的数据训练，能否获得与应用相关的海量优质数据是人工智能技术成功的关键。

(2) 算法

深度学习的核心框架相对固定，但为了使学习模型在特定应用场景取得更好的效果，还需要做算法优化和工程优化，使模型最终在具体场景取得更快的计算效率、更准确的分类概率。在特定领域，具备强大的算法能力，是产品和企业成功的关键。

(3) 算力

由于需要解决的具体问题越来越复杂，人工智能算法对硬件的计算能力需求近乎无止境。虽然芯片技术不断进步，云计算越来越完善，但对一些复杂度高的人工智能任务，依然需要非常大的算力才能训练出足够好的解决模型。

2. 技术层

技术层是指在各行各业广泛应用的基础性 AI 算法，主要包括智能语音、计算机视觉、自然语言处理等。

(1) 智能语音

智能语音指的是利用计算机对语音信息进行分析处理，以模仿人类实现听、说等语音能力的技术，核心应用是语音识别和语音合成。现阶段智能语音已成为主流的人机交互方式。

（2）计算机视觉

计算机视觉指的是利用计算机对图像或视频信息进行分析处理，以模拟实现人类通过眼睛观察和理解世界。计算机视觉给机器安上了智慧的眼睛，能替代很多原本需要人类才能完成的工作，目前已成为人工智能领域最炙手可热的技术。

（3）自然语言处理

自然语言处理指的是利用计算机对语言文字进行分析，以模拟实现人类对语言的理解和掌控的技术。当前主要应用包括自然语言理解和自然语言生成。自然语言处理是实现认知智能的关键技术。

3. 应用层

应用层可以理解为如何实现企业和客户的高效协同、精准匹配、提升品质、降低成本、优化流程、优化资源配置等。在商务决策中面临很多问题（如生产什么、卖给谁、在哪卖、如何卖等），如何给出最优化的决策，解决面临的挑战和问题，关系到企业的生存和发展。人工智能技术可以应用在企业生产和管理的各个环节，帮助企业解决优化问题和决策问题。

（三）智能商务的价值和意义

人工智能在企业中的应用价值主要体现在数字经济、决策制定、系统交互、设备运维四个领域。

1. 数字经济

人工智能带来数字经济、大数据、云计算、人工智能等技术的发展，为发掘海量数据的潜在价值提供了技术基础。基于人工智能的开放平台能实现企业与客户的无缝对接，可以减少商品流通环节，并能满足用户个性化、多元化的消费需求。

2. 决策制定

使用人工智能制定决策的基础是数据，通过分析企业的各项历史数据，可以提高企业决策制定的合理性及识别企业的异常状况。企业可以应用人工智能综合分析各种影响因素，以此制定最佳的价格与营销策略。

3. 系统交互

智能系统可以自主学习、思考、决策、执行，不仅可以完成简单工作，还能处理复杂任务。人工智能提供虚拟劳动力可以协助或取代人工，完成各种任务。利用智能语音技术，AI助手已经广泛应用在企业的客户服务部，以自动化方式代替人工完成一些任务，极大提高了实体经济运行效率。

4. 设备运维

在制造业企业中，设备的维护保养是实现产能和自动化生产的必要保障。

依据传感器收集到的信息，人工智能可以制定设备的最佳保养方案，从而减少维护成本，提高生产效率。人工智能还可实现员工自动化调度，在设备运维环节实现资源的充分利用与优化配置。

二、AI＋电子商务

我国是全球规模最大、最活跃的电子商务市场，顾客人数、B2C 的销售额均占据全球第一。根据阿里研究院的报告，近八成的卖家使用过人工智能相关工具，极大地推动了电子商务的智能化。AI＋电子商务主要应用在以下方面。

（一）图像智能搜索

顾客的需求描述与电商平台的商品展示之间主要是通过搜索环节联系的。基于文字搜索很难直接引导用户找到想要的商品，通过图像智能搜索，可以让顾客轻松搜索到要寻找的产品。

图像检索主要是根据计算机视觉和相似度算法，计算商品图片与数据库中记录的相似度大小，将提取出满足阈值的记录作为结果，按照相似度降序的方式输出。顾客只需将商品图片上传到电商平台，人工智能会提取图片中包含的商品款式、规格、颜色、品牌等特征，并依据这些特征数据进行搜索，同时为顾客提供同类型商品的销售入口。

图像智能搜索的应用，极大地缩短了顾客搜索商品的时间，降低了时间成本，提高了用户体验度。商家也可以通过顾客的搜索行为，获取顾客与商品之间的数据对应，并将这些特征信息作为依据，为顾客做出有针对性的产品营销策略。

（二）智能客服机器人

智能客服机器人融合了机器学习、大数据、自然语言处理、语义分析和理解等多方面技术，其主要功能是自动回复客户咨询的问题。智能客服机器人可以有效减少人工成本、提升服务质量、最大限度地挽留夜间流量，同时也可以替代人工客服回复重复性问题。

智能客服机器人原理：研发者把客户感兴趣的问题的回复存放在数据库中，当客户把问题抛给机器人时，机器人对接收到的文本、图片、语音等进行识别，从数据库中找到最贴切的答案给予回复。其核心在于，研发者需要将大量网络流行的俏皮语言加入词库，词库的丰富程度、回复的速度，是一个客服机器人能否获得大众满意的重要因素。借助人工智能技术，企业可以打造客服机器人，实现 24 小时在线解决客户提出的问题。

（三）智能推荐

随着电子商务规模的不断扩大，商品数量和种类快速增长，客户需要花费大量的时间才能找到自己想买的商品。搜索引擎可以帮助客户查找内容，但只能解决明确的需求。为了让客户从海量信息中高效地获得自己所需的信息，推荐系统应运而生。

推荐系统是自动关联用户和商品的一种工具，和搜索引擎相比，智能推荐引擎利用深度学习算法可以帮助客户快速找到所需要的商品，提高用户购物体验，同时也可以挖掘客户的潜在需求，促进交易进行。

1. 非个性化推荐

（1）专家推荐

专家推荐由资深的专业人士进行物品的筛选和推荐，需要较多的人力成本。

（2）热门推荐

热门推荐是基于统计信息的推荐，对用户个性化偏好的描述能力较弱，广泛应用于各类网站中，如热门排行榜。热门推荐的主要缺陷在于推荐的范围有限，所推荐的内容在一定时期内相对固定，且无法实现长尾商品的推荐。

2. 个性化推荐

（1）概述

电子商务网站销售种类繁多，绝大多数都是不热门商品，但这些不热门的商品总数量极其庞大，所累计的总销售额将是一个非常可观的数字，也许会超过热门商品所带来的销售额。因此，可以通过发掘长尾商品并推荐给感兴趣的用户来提高销售额，这就需要通过个性化推荐来实现。

随着大数据资源的爆炸式增长和互联网软件技术的不断更新，各类企业与数以亿计的用户之间随时随地都在进行着信息交流，从而产生海量的交互信息。个性化推荐系统是大数据在互联网领域的典型应用，它可以通过分析用户的历史记录来了解用户的喜好，从而主动为用户推荐其感兴趣的信息，满足用户的个性化推荐需求。推荐系统模型通常由三个重要的模块组成：用户建模模块、推荐对象建模模块、推荐算法模块。推荐系统通过用户特征收集模块，收集用户的历史行为，并使用用户行为建模和分析模块构建合适的数学模型分析用户偏好，计算项目相似度等，最后通过推荐与排序模块计算用户感兴趣的项目，并将项目排序后的推荐结果推荐给用户。

（2）关键技术

用户画像就像现实意义的素描一样，能够把用户形象地描述出来。用户画像的核心工作是给用户加标签，标签通常是人为规定的高度精炼的特征标识，如年龄、性别、地域、兴趣爱好等。

通常用于广告投放和精准营销的标签有两个要求：一是每个标签只能表示

一种含义，避免标签之间的重复和冲突，便于计算机处理；二是标签必须有一定的语义，方便理解每个标签的含义。标签的粒度也是需要注意的，标签粒度太粗会没有区分度；粒度过细则会导致标签体系不具有通用性。

用户画像是商家制定个性化营销推荐的基础，故用户画像的效果最直接的评估方法就是看其对实际业务的提升，如互联网广告投放中画像效果主要看使用画像以后点击率和收入的提升，精准营销过程中主要看使用画像后销量的提升等。

（四）动态定价

传统模式下，企业需要依靠成本和自身的经验设定商品的价格。在激烈的市场竞争中，商品价格也要随着市场的变化做出及时调整。持续的价格调整，即便对于一个小规模的商户来说，也是一项很大的挑战。

动态定价是指随产品成本、市场的供需变化等频繁调整价格的商业策略。通过深度学习算法，人工智能可以自动评估市场动态，实现商品动态定价。在此策略下，商家可及时清理库存且达到利益最大化。

网约车平台会使用动态定价策略来平衡车辆供给和用户需求之间的关系。某一时段，当平台上的车辆无法满足需求时，将提升费率来确保用户用车的需要。提升费率不是简单地提价，而是利用算法，制定出智能的动态定价策略。在某个时间或某个地点，用户需求有比较陡峭的上升趋势时，便会触发这个算法，由系统自动加价。这种加价一方面可以吸引更多的车主上线服务，提高供给量；另一方面也可以过滤一部分用户，使其选择其他的出行方式，这样就达到了需求和供给之间的平衡。

（五）过滤虚假评论

电子商务平台需要应对各种虚假评论。为了提高在电子商务行业中的市场竞争力，各商家努力提升在电商平台中的排名、销量、口碑等评价指数。不少商家通过"刷单"增加产品销量数，让"刷单者"对产品进行虚假评论，从而让真实购买者通过阅读评论对产品产生信任而进行交易。此外，有些商家还会恶意发布针对竞争对手的不良评论。人工智能可以有效地解决这一问题，电商平台可以利用人工智能，加强验证和筛选有用评论来抵制恶意营销。

三、AI＋实体零售

（一）无人零售

随着人工智能相关技术逐渐成熟和移动支付服务的快速发展，以无人零售为代表的新零售得到全球零售巨头的重点关注。它可以让顾客高效地实现商品的选购和付款流程，降低商家的人力成本。在无人零售场景中，商家可以快速实现对某种或某一类商品的用户数据进行有效分析，确定产品的有效客户群，将为精准营销提供强有力的数据支持。

1. 京东无人超市

京东无人超市是当前智能零售领域的一项重要突破。无人超市不仅仅"消除"了导购员、收银员这类人工成本相对较高的职位，节约了人力成本，更大的意义是将线下场景数字化、提升了运营效率、实现了精准营销等。通过提供更便捷的结账方式，提升了用户体验。

京东无人超市主要是由智能货架、智能称重结算台、智能感知摄像头及智能广告牌这四大智能科技组合而成的智能门店系统。智能货架上配置了智能价签，智能价签能一键同步促销活动。智能货架还可以通过保质期管理，对商品的状态进行监控，提醒补货员替换过期商品。智能称重结算台主要是将选购好的商品放在智能称重结算台上进行结算，无须收银员就可以实现称重结算。智能感知摄像头主要是监管货架上所陈列的物品是否整齐合理。智能广告牌则是通过感知顾客的购物信息，进行商品的精准推荐，还能够成为额外的收入来源。

2. 关键技术

无人零售是深度学习、计算机视觉、智能传感器等人工智能技术与超市购物场景结合的新型零售模式。无人零售的关键技术主要体现在用户在场景内的个人商品购买行为的精准识别，包含身份认证、商品识别和自动扣费三个方面。

（1）身份认证

通过一定的手段，完成对用户身份的确认。客户进入无人零售场景需要相对完整的信息，以保证其在整个购物过程中身份的唯一性。在京东无人超市场景，将人脸识别作为用户进门的凭证，初次进入时绑定用户身份和支付信息。

（2）商品识别

商品识别主要涉及计算机视觉，在商品识别区，识别用户所购买的商品。

（3）自动扣费

识别人脸与京东账号绑定，并直接从京东账户或微信账户扣除商品的累计金额。在购物和支付过程中，使用射频识别（RFID）、人脸识别、图像识别等技术，保证用户最流畅的购物体验——只要随意挑选货物，通过结算通道走出超市即可。

（二）智能试衣

智能试衣场景主要应用了增强现实、语音识别、手势识别等技术，使顾客不需要将衣服穿在身上，即可看到试穿的 3D 效果。

首先，顾客可以使用智能搜索技术（包括语音搜索或者图像搜索等）找到感兴趣的服饰，接着对服饰的图像进行算法识别，包括颜色、大小、款式、类型（上衣、帽子、裤子等）等，然后通过相机或图像输入设备，获取顾客的人体模型图像，最后将服饰图像叠加显示在顾客的 3D 模型上，显示穿戴效果。智能系统还会根据顾客的性别、年龄、身高、肤色、外貌等数据自动与门店里的合适服装进行匹配，实现个性化推荐。

（三）智慧物流

物流企业作为劳动密度性比较高的行业，人工紧缺已经成为行业发展的重要难题，劳动力的紧缺直接反映企业人工成本的持续上涨。而智慧物流的出现，不仅帮物流企业解决了人工成本的问题，还实现了物流智能化、信息化、自动化和机械化，为物流企业带来更加良性的发展。

智慧物流就是利用条形码、射频识别技术、传感器、地理信息系统（Geographic In-formation System，GIS）等先进的物联网技术通过信息处理和网络通信技术平台广泛应用于物流业运输、仓储、配送、包装、装卸等基本活动环节，实现货物运输过程的自动化运作和高效率优化管理，提高物流行业的服务水平，降低成本，减少自然资源和社会资源的消耗。

GIS 是物流智慧化的关键技术与工具之一，可以帮助物流企业实现基于电子地图的决策分析服务，包括将订单信息、网点信息、送货信息、车辆信息、客户信息等数据进行集中并以电子地图的形式呈现，实现形象化管理，达到快速智能分单、网点合理布局、送货路线合理规划、包裹监控与管理等智能化目标。

射频识别（Radio Frequency Identification）技术是利用感应、无线电波或微波技术的读写器设备，对射频标签进行非接触式识读，达到对数据自动采集的目的。RFID 是一项简单实用、易于操控的智能技术，非常适用于物流领域，可以在各种恶劣环境下自由工作。一套完整的 RFID 系统由阅读器、应答器（电子标签）及应用软件系统组成，其基本工作原理是当电子标签进入磁场后，接收阅读器发出的射频信号，凭借感应电流获得的能量，将存储在芯片中的产品信息发送出去，阅读器读取信息并解码后，送至中央信息系统进行有关数据处理。将 RFID 技术应用到物流行业管理中，可有效地提高物流系统的运作效率，降低运营成本，提高盈利能力和竞争力。

第二节 智能交通

交通是一座城市的"血管",智能化公共交通则是"城市血管"最好的溶栓剂。近年来,城市机动车保有量不断上升,交通堵塞、事故频发、停车困难等问题已成为现代城市交通管理中的众多顽疾,困扰着城市管理者和广大车主。随着 5G 网络、人工智能、云计算、大数据等新一代数字技术的发展,以自动驾驶、车路协同为主要特点的新一代智能交通系统,逐渐成为解决交通问题的新突破口。

一、智能交通概述

交通是我国现代化的开路先锋,国家高速公路网覆盖约 99% 的城镇人口,超过 400 万千米的农村公路,为脱贫攻坚打通了"最后一千米"。越织越密的交通网络,带动区域发展一体化,铸就了大国腾飞之路。

如河北省保定市首个智能交通项目借力 5G、云计算、大数据及人工智能等数字技术,将庞大复杂的交通流,变成可知、可控、可调度的数据流。保定市机动车和驾驶人的数据已全部接入"交管大脑",这个大脑可以自动分析道路拥堵的原因,调动综合手段优化交通,在交管大脑的加持下,核心城区实现了动态绿波控制,可以最大概率做到一路绿灯,自适应可变车道;可以检测流量,实时变换车道方向,车辆通行效率大大提升。

交通管理的难度在于不仅要理顺人、车、路之间的关系,还要对各种突发状况及时应变。广州市年平均降雨量超过 1800 毫米,这意味着广州容易出现内涝险情,特别是低洼隧道处,一旦发生交通拥堵,后果非常严重。在广州黄埔区的 19 个隧道的角落,设置了隧道积水智能拦截系统。通过摄像头的感知及水量传感器的监控,隧道入口的提示状态也在实时变化,每个隧道的水量会实时上报,通过中枢平台分发到政府部门,让人们的出行变得更加安全。

智能交通系统 (Intelligent Traffic System,ITS),是将先进的科学技术(如信息技术、计算机技术、数据通信技术、传感器技术、电子控制技术、自动控制理论、运筹学、人工智能等)有效地综合运用于交通运输、服务控制和车辆制造,加强车辆、道路、使用者三者之间的联系,从而形成一种保障安全、提高效率、改善环境、节约能源的综合运输系统。

目前,交通运输行业和人工智能的结合主要在四个方面:第一是运载工具;第二是基础设施;第三是运营管理;第四是出行即服务。在这几个层次上，都积极地推动数字化转型，最终提升整体的路网承载能力和效率。

二、智能网联汽车

（一）自动驾驶汽车

自动驾驶汽车依靠人工智能、视觉计算、雷达、监控装置和全球定位系统协同合作，让计算机可以在没有任何人类主动的操作下，自动安全地操作机动车辆。即，自动驾驶汽车指的是搭载了感知、决策、执行相关的传感器和零部件，通过计算机实时计算，控制车辆实现部分或全部的自动驾驶功能。

感知是指环境感知，人类驾驶员在开车时，需要眼观六路耳听八方，才能正确操作，安全驾驶。自动驾驶汽车也需要实时感知车辆本身的运行状态和车辆周围的环境，把环境感知信息实时发送给汽车的"大脑"即主控系统。人类驾驶员是通过眼睛、耳朵等人体器官实现感知，而自动驾驶汽车是通过摄像头、超声波雷达、毫米波雷达、激光雷达、通信模块等传感器实现感知。

决策指的是算法或者控制策略，类似人类驾驶员的驾驶能力。自动驾驶汽车具有一个强大的实时计算的预控制器，内部集成了自动驾驶的算法，基于接收到的环境感知传感器输入的信息，制定出驾驶决策，输出给执行机构。自动驾驶汽车也像人类驾驶员一样，在有些场景下驾驶游刃有余，而在有些场景下驾驶可能力不从心。

车辆的执行机构，类似于人的手和脚，根据控制器的指令，操作车辆完成加速、转向、刹车、泊车等动作，最终实现自动驾驶功能。

1. 自动驾驶汽车的三层结构

（1）环境感知层

环境感知层的主要功能是通过车载环境感知技术，实现对车辆速度、距离、道路标识等信息的收集和融合，并向智能决策层输送信息。

（2）智能决策层

智能决策层的主要功能是接收环境感知层的信息，决策分析和判断车辆驾驶模式及将要执行的操作，并向控制和执行层输送指令。

（3）控制和执行层

控制和执行层的主要功能是按照智能决策层的指令，对车辆进行操作和协同控制，并为联网汽车提供道路交通信息、安全信息、娱乐信息、救援信息、商务办公、网上消费等，保障汽车安全行驶和舒适驾驶。

2. 自动驾驶汽车关键技术

虽然自动驾驶车辆系统之间可能略有不同，但核心软件通常包括定位、感知、规划和控制。感知系统通过摄像头、激光雷达和雷达传感器感知，理解并建立对环境和周围物体的全面感知。规划软件负责路径规划、风险评估、任务管理和路径生成。机器学习（ML）和深度学习（DL）技术广泛应用于定位和映射、传感器融合和场景理解、导航和运动规划、驾驶员状态评估和驾驶员行为模式识别，以及感知和规划的智能学习。

（1）环境感知技术

自动驾驶汽车结构上主要包括激光雷达、视频摄像头、附加的激光雷达、无线传感器等用于了解周围的交通状况，并通过详尽的地图对前方的道路进行导航。数据中心能处理汽车收集的有关周围地形的大量信息。自动驾驶汽车相当于数据中心的遥控汽车或者智能汽车。

①激光雷达能对半径为 60 米的周围环境进行扫描，并将结果以 3D 地图的方式呈现出来，给予计算机初步的判断依据。

②视频摄像头用于识别交通信号灯，并在车载电脑的辅助下辨别移动的物体，如前方车辆、自行车或行人。

③前后附加的激光雷达用于测量汽车与前、后、左、右各个物体间的距离。

④主控系统安排在后车厢，除用于运算的计算机外，还有测距信息综合器，这套核心装备将负责汽车的行驶路线、方式的判断和执行。

（2）标定技术

车辆在自动行驶过程中，会有各种各样的颠簸，使得传感器发生失真，产生很多误差，这些误差必须经过标定来进行校正，如果去野外做标定，需要依赖相应的特征参照物，整个标定过程需要四到五个小时，而在标准化标定车间里面，只需要四到五分钟就可以完成相应的任务。

（3）导航定位技术

车辆高精度定位技术，是实现智能交通、自动驾驶不可或缺的关键技术。智能网联汽车需要通过定位技术准确感知自身在全局环境中的相对位置及所要行驶的速度、方向、路径等信息。以卫星为基础的卫星导航定位系统，由于其具有天体导航覆盖全球的优点，所以从出现就得到人们的重视。

2020 年 6 月中旬，中国成功发射北斗卫星导航系统的最后一颗组网卫星，至此北斗就是真正意义上的全球卫星导航系统。北斗系统不仅是中国在科技发展史上一个里程碑的进步，更展现出中国作为一个发展中大国对全世界人民的担当与责任。北斗高精度定位服务将成为全社会共享的一项公共服务，在其赋能之下，智慧城市、自动驾驶、智慧物流等各种应用都将真正实现大规模商用。

(4) 信息融合技术

信息融合技术是指在一定准则下，利用计算机技术对多源信息分析和综合，以实现不同应用的分类任务而进行的处理过程。该技术主要用于对多源信息进行采集、传输、分析和综合，将不同数据源在时间和空间上的冗余或互补信息依据某种准则进行组合，产生完整、准确、及时、有效的综合信息。智能网联汽车采集和传输的信息种类多、数量大，必须采用信息融合技术，才能保障实时性和准确性。

(5) 先进驾驶辅助技术

先进驾驶辅助技术通过车辆环境感知技术和网络技术，对道路、车辆、行人、交通标志、交通信号等进行检测和识别，对识别信号进行分析处理，传输给控制执行层，保障车辆安全行驶。先进驾驶辅助技术是智能网联汽车重点发展的技术，其成熟程度和使用代表了智能网联汽车的技术水平，是其他关键技术的具体应用体现。

3. 自动驾驶汽车的分级

按照自动驾驶技术汽车达到自动驾驶的智能程度，国际自动机工程师学会（SAE－International）将自动驾驶的级别划分为六个等级，从完全人工驾驶到完全自动驾驶。

①L0级：车辆完全由驾驶员控制，包括制动、转向、加速及减速停车。

②L1级：车辆具有有限自动控制的功能，主要通过警告防止交通事故的发生，具有一定功能的智能化阶段可称为"辅助驾驶阶段"。

③L2级：车辆具有至少两种控制功能融合在一起的控制系统，为多项操作提供驾驶支持，如紧急自动刹车系统和紧急车道辅助系统等。

④L3级：车辆能够在某个特定的交通环境下实现自动驾驶，并可以自动检测交通环境的变化以判断是否返回驾驶员驾驶模式。

⑤L4级：驾驶操作和环境观察仍然由系统完成，不需要对所有的系统要求进行应答，只有在某些复杂地形或者天气恶劣的情况时，才需要驾驶员对系统请求做出决策。

⑥L5级：无须驾驶员和方向盘，在任何环境下都能完全自动控制车辆。只需提供目的地或者输入导航信息，就能够实现所有路况的自动驾驶，到达目的地。

(二) 智能网联汽车

智能网联交通的构造需要车、路、云一体发展，只有单车的智能与路侧的智能和云端相结合，才能实现智能安全的交通运输网联。路侧的智能化通过部署智能设备，收集路侧信息，并将信息通过通信技术与车辆共享，使车辆拥有超视野的感知能力，提供全面的路侧环境信息。

智能网联汽车是搭载先进的车载传感器、控制器、执行器等装置，并融合现代通信与网络技术，实现 V2X 智能信息交换共享，具备复杂的环境感知、智能决策、协同控制和执行等功能，可实现安全、舒适、节能、高效行驶，并最终可替代人来操作的新一代汽车。

1. V2X 通信技术

V2X（Vehicle to Everything），即车与任何事物的联系，就是车辆通过传感器、网络通信技术与其他周边的车、人、物进行通信交流，并根据收集的信息进行分析、决策的一项技术，智能网联汽车＝单车智能＋V2X。

在车辆行驶过程中，通过车与车的通信、车与周边基础设施等的通信，采集到车距交通状况后，进行车辆操作决策（如避让、分流等）。在山路或城市道路、路口或转弯总会有一些盲区，通过基于 V2X 的技术，车与车互相通信，可以知道对面或某个盲区方向是否有车，然后进行决策（如减速、停车等），减少交通事故发生的概率。

2. 信息安全与隐私保护技术

随着车辆开放连接的逐渐增多，相关设备间的数据交互更为紧密，网络攻击、木马病毒、数据窃取等互联网安全威胁也逐渐延伸至汽车领域。一旦车载系统和关键零部件、车联网平台等遭受网络攻击，可导致车辆被非法控制，进而造成隐私泄露、财产损失，甚至人员伤亡。车辆智能化和信息化程度越来越高，这也意味着攻击者可以利用信息化中的漏洞获得更多的控制权限，导致更严重的功能安全问题。为了防范攻击者非法获取数据，甚至远程控制车辆等潜在的威胁，必须高度重视信息安全。

智能网联汽车的价值，就是能够解决交通顽疾。从理论上讲，所有的车都是自动驾驶，就不会有太多的交通事故，另外也会带来车辆使用方式的更新，一辆自动驾驶的共享汽车，会替代 10 辆私人拥有的汽车，让汽车成为更加低碳的出行工具。2022 年，北京冬奥会比赛场地首钢园内的电动自动驾驶汽车，提供了接送运动员和游客的服务，不仅能降低驾驶员的人力成本，运载能力也高于普通出租车。汽车强国的标志第一阶段是以电动化为主题的，第二阶段的标志就是智能化，智能网联和自动驾驶，一旦汽车智能化了，会带来一个全新的汽车产业链，对经济的发展，对新技术的应用和带动都是至关重要的。

三、智慧道路

公路交通基础设施，要充分和现代技术进行结合。我国已经建成了全世界联网里程最长，客户数量最多的高速公路智能化联网收费系统。原来一辆车通过收费站要 20 秒左右，安装 ETC 之后，2~3 秒钟就通过了。

"智慧高速"示范路京雄高速，是雄安新区"四纵三横"高速公路网的重要组成部分，以照明灯杆为基础，整合了一体化云台摄像机、固定摄像机、能见度检测仪、灯杆显示屏等设备。能够识别环境光的照度、车流等信息并对其进行自动调节，实现车来灯亮，车走灯暗的效果，既保证了司乘人员的行车安全，又能有效降低能耗。

智能交通的落地，除了路侧设施升级外，还需要结合最新软硬件技术稳定可靠的管理系统。在传统视频监控的基础上，引入了 AI 智能分析系统，相当于道路的一个慧眼。过去是车看灯，现在可以做到灯看车。原来从事故发生到事故被发现，需要 5~10 分钟，有了慧眼系统以后，这个过程能缩短到 30 秒以内，大大节约了处置时间，减少了拥堵。京雄智慧高速监控中心就是全路的智慧大脑，高速路上的任何突发状况，都可以第一时间被捕获，并做出最及时的反应。

道路的智能升级，归根结底是为了服务车与人，并不是每一种道路交通环境，都像高速公路一样，有着清晰的车道线和日常良好的路况。各种极端的情况，各种复杂多变的场景，以及各种无法预测的人类行为都是挡在自动驾驶发展道路上的拦路虎。在人车混行的复杂场景中，如果有路侧感知设备的助力，对于汽车来说，就相当于拥有千里眼、顺风耳，可以最大限度地避免发生交通事故，这就是为自动驾驶开启上帝视角的车路协同。

有了路的智能之后，会加速智能驾驶的推出，可以把很多感知放在路段，就不需要把所有的智能都放在车上，它将优化整个交通系统，将来真实的场景，是路的智能越来越高，车的智能也越来越高，这就形成了双保险。聪明的车、智慧的路和强大的云将是中国通向智慧大国、智慧强国的重要优势。

四、智慧交管

管理的本质是提高效率，要根治城市交通问题，需从交管发力，从时间和空间的维度提升通行效率和管理水平。

智慧交管利用人工智能、大数据和云计算，可以实现交通的实时感知、精准预测、分析研判等交通优化方案。通过集成电路报警器、卡口、雷达等感知设备与边缘计算设备，可以对视频、雷达、信号控制数据进行边缘侧的融合，完成毫秒级的计算，实现对机动车、非机动车、行人、标识标线、交通时间的全时空、全要素数字化的精准感知。

为了进一步提高出行效率，保障出行安全，对交通违法行为的治理也至关重要。道路上的各种交通违法行为，交通摄像头捕捉到了，由于没有智能化水平，也就没有能力自动识别典型的交通违法行为。近年来，随着视频图像解析技术的发展，人脸识别、视频感知等功能越来越强大，通过深度学习后的人脸识别算法的准确率已达到99.5%以上，甚至超过人类本身的能力，这项技术在管理和实战应用上就有了非常高的可利用价值。

交管大脑基于对交通违法、交通事故的规律分析，全面掌握道路交通安全隐患点，靶向式精准治理，实时提醒民众，对重点车辆实行全程监督。智慧交管不仅为公安交管工作提供了强大的技术支撑，更增强了区域之间的互联互通，助力建设更加符合人们出行需求的城市交通生态。

五、出行即服务

（一）智慧停车系统

医院、学校周边拥堵，这是很严重的拥堵成因，而这与停车系统关系极大。城市停车问题，已成为城市生活的一大痛点。城市汽车的保有量和停车位严重失衡。为解决供需矛盾，长沙市政府与市场化企业合作进行智慧停车平台的建设，对封闭停车场、路侧停车位进行智能化改造，将2000多个停车场，50多万个停车位接入智慧停车平台。车主可先在平台查询目的地周边有没有停车位，以更加方便地找到停车位，从而自主选择出行方式。利用智慧停车系统，大力提升了医院、学校、商圈等区域的停车承载能力，极大缓解了城市拥堵。

（二）出行即服务

出行方式的调整，也是解决拥堵问题的强有力举措。智能交通未来发展的目标之一是减少汽车的使用，提供更多的公共交通解决方案。据统计，首都国际机场每天往返乘客约28万，其中有近77%乘客是乘坐个体交通工具往返机场的，乘坐公共交通的仅占23%。

数字交通运营商模式的应运而生，将公共和私人交通服务提供商的交通服务结合起来，打造集成的出行平台，为消费者提供便捷、经济、绿色的出行服务，这种概念也被称为MaaS，也就是出行即服务。

在广州市黄埔区，正在打造出行即服务的交通生态，MaaS公交给了一种新的出行选择，可以一键预约，定制路线，既避免了换乘的麻烦，也节省了路上的时间。MaaS出行平台在推进实施的过程当中，涉及不同部门的数据怎么能够更好地打通，从而使得最后的MaaS出行平台能够把这些数据进行科学的规划。黄埔区在以公共出行为起点，建立联通更广泛的交通场景MaaS平台，能与多种交通工具无缝衔接，配合自动驾驶车辆及传统公交运力，针对不同场合提供公交模式、约车模式、景区路线游览等多种出行模式，让市民出行更便捷、更高效。

MaaS深层的含义是鼓励大家绿色出行，将城市交通做成一个预约的系统，把排队过程消除掉，可以减少社会交通的拥堵，实现节能减排。

随着新基建的推进，中国未来交通运输行业数字化、网联化和智能化的水平会进一步提升，公路、铁路、水路、航空等各个细分行业将不断推动智能化落地。未来的出行方式，将让智慧生活触手可及。未来的生活，让每一个空间，每一个时刻都有价值，出行不再是一种负担，而是一种享受的过程。

第三节　智能医疗

纵观历史，人类社会的发展史就是一部人类与疾病的斗争史，从远古时期的放血疗法到基于科学实验的现代医学，从古代中医的"望闻问切"到基于精密检测仪器的中西医结合，健康产业逐步成为一个多产业深度融合的超级复杂系统。云计算、大数据、人工智能、5G、生物科技、基因检测等新技术不断发展成熟，基于新技术的智能化现代健康产业将得到蓬勃发展，人类的健康水平将得到有效提升。

一、智能医疗概述

随着社会经济的发展，人们的生活水平日益提升，对健康的需求也日渐增长，人们越来越重视高品质的医疗、康复服务。与此同时，庞大的人口基数导致我国患者数量居高不下，现有的医疗资源显得捉襟见肘。

人工智能、大数据等技术蓬勃发展，不断赋能医疗健康领域。从可穿戴设备助力家庭健康管理到"智慧医院"改变患者就医体验，技术深刻改变了医疗模式，极大提升了医疗服务质量，一个创新活力的智慧医疗时代正在加速到来。

智能医疗是基于"互联网＋医疗"而形成的新概念，是信息技术与生命科学的结合，依托于5G、物联网、人工智能等新一代信息技术，实现患者与医务人员、医疗机构、医疗设备之间的互联互通，再通过智能医疗应用、智能医疗器械、智能医疗平台等，实现在诊断、治疗、康复、支付、卫生管理等各环节的高度信息化与智能化。

从患者的角度看，智能医疗将为个人提供更为自主的健康管理，更加舒适便捷的就医环境，以及更加安全的健康数据。从医疗机构的角度看，智能医疗将完成医院的智能化管理，提高医疗管理水平，服务质量和效率，协助疾病诊断与治疗，减轻医护人员压力。

在智能医疗中，病人能以最少的流程完成就诊、医生诊断准确率大幅提高、病人病历信息档案记录着病人的所有当前和历史的健康信息，大大方便了医生诊断和病人自查，真正能实现远程会诊所需要的病人综合数据调用，实现快速有效服务。智能医疗还有一个很大的优点，就是可以实现医疗设备与医疗专家的资源共享。对于医疗机构而言，拥有完善健康信息的数据库更具有权威性，健康信息系统的建立，能极大提高竞争力。

AI 在医疗领域的应用，意味着全世界的人都能得到更为普惠的医疗救助，获得更好的诊断、更安全的微创手术、更短的等待时间和更低的感染率。世界十大 AI 科学家之一，谢诺夫斯基在《深度学习：智能时代的核心驱动力量》一书中预测：基于大数据的深度学习将改变医疗行业，对疾病提供更快速、更准确地诊断和治疗，甚至未来癌症将变得不再可怕。

二、智能医疗分层

通常可以将智能医疗分为三层：基础设施层、技术层和应用层。其中应用层是人们所熟悉的，也是与患者和医生接触最为紧密的。技术层和基础设施层则涉及相关专业知识。

（一）基础设施层

基础设施层主要为智能医疗的发展提供基础设备，即海量数据处理和存储设备，实现对顶层的算力支持。企业类型主要为设备供应商和数据平台服务商，腾讯、百度、阿里等互联网巨头在基础设施层发挥了技术研发优势，通过自主研发产品和并购等方式参与智能医疗的发展。基础设施层是 AI 医疗的基石，当医院拥有了完备的基础设施，才能使 AI 更好地赋能医疗。

（二）技术层

技术层主要为人工智能医疗提供认知、感知、机器学习等方面的技术服务，即对语音、图像等信息的识别和处理，通过计算机对数据进行分析和预测。企业类型主要为专门的语音或图像人工智能技术服务商，以及人工智能技术公司，如科大讯飞、依图科技等企业利用人工智能技术优势，深入医疗细分场景，辅助医生诊断，进行健康管理。

（三）应用层

应用层是人工智能在医疗领域的具体应用，如医疗机器人、智能诊疗、药物研发等应用层企业的服务领域更加细致，针对具体化的场景提供解决方案。基础层和技术层技术壁垒较高，前期技术研发资金需求量大，且需要具备一定的技术基础，因此该领域一般以研发能力和资金实力较强的大公司为主。应用层的技术壁垒相对较低，且创收能力强，因此应用层面的企业数量最多，且中小型企业或创业公司通常聚焦在应用层。

三、智能医疗的应用

医疗行业长期存在优质医生资源分配不均，诊断误诊漏诊率较高，医疗费用成本过高，放射科、病理科等科室医生培养周期长，医生资源供需缺口大等问题。随着近些年深度学习技术的不断进步，人工智能逐步从前沿技术转变为现实应用。在医疗健康行业，人工智能的应用场景越发丰富，人工智能技术也逐渐成为影响医疗行业发展，提升医疗服务水平的重要因素。与互联网技术在医疗行业的应用不同，人工智能对医疗行业的改造包括生产力的提高、生产方式的改变、底层技术的驱动、上层应用的丰富。通过人工智能在医疗领域的应用，可以提高医疗诊断准确率与效率；提高患者自诊比例，降低患者对医生的需求量；辅助医生进行病变检测，实现疾病早期筛查；大幅提高新药研发效率，降低制药时间与成本。下面从病历与文献分析、智能问诊、智能影像识别、临床辅助决策、药物研发、医疗机器人、远程监护、智能健康管理等方面探讨人工智能在医疗方面的应用。

（一）病历与文献分析

电子病历是在传统病历基础上，记录医生与病人的交互过程及病情发展情况的电子化病情档案。对电子病历及医学文献中的海量医疗大数据进行分析，有利于促进医学研究，同时也为医疗器械、药物的研发提供了基础。人工智能利用机器学习和自然语言处理技术可以自动抓取来源于异构系统的病历与文献数据，并形成结构化的医疗数据库。

（二）智能问诊

智能问诊是指机器通过语义识别与用户进行沟通，听懂用户对症状的描述，再根据医疗信息数据库进行对比和深度学习，对患者提供诊疗建议，包括用户可能的健康隐患、应当在医院进行复诊的门诊科目等。

智能问诊在医生端和患者端均发挥了较大的作用。在医生端，智能问诊可以辅助医生诊断，尤其是受限于基层医疗机构全科医生数量、质量的不足，医疗设备条件的欠缺。智能问诊可以帮助基层医生对一些常见病的筛查，以及重大疾病的预警与监控，帮助基层医生更好地完成转诊的工作。

在患者端，智能问诊能够帮助患者完成健康咨询、导诊等服务。在很多情况下，患者身体只是稍感不适，并不需要进入医院进行就诊。人工智能虚拟助手可以根据患者的描述定位到用户的健康问题，提供轻问诊服务和用药指导。

（三）智能影像识别

有研究统计，医疗数据中有超过 90% 的数据来自医学影像，但是影像诊断过于依赖人的主观意识，容易发生误判。AI 通过大量学习医学影像，可以帮助医生进行病灶区域定位，减少漏诊误诊问题。肿瘤影像是目前人工智能在医学影像方面应用最多的，其中肺部结节和肺癌筛查、乳腺癌筛查、前列腺癌影像诊断三个方面已经广泛应用于医学影像诊疗工作中。

（四）临床辅助决策

基于深度学习的智能临床辅助决策系统是以智能决策引擎和医学知识库为核心，遵循疾病发生、发展的本质原理，以新一代人工智能基础理论体系为指导，采用基于本体的语义网络、人工智能、深度学习神经网络算法等前沿技术对涉及疾病诊疗本质的指南、文献、医疗病历等数据进行"学习"，自我完善知识库、规则库及决策引擎模型，实现精准、高效的智能综合分析与判断，为医生诊疗过程中所涉及的基本检、诊、治服务提供精准的解决方案推送。

（五）药物研发

人工智能正重构新药研发的流程，大幅提升了药物制成的效率。传统药物研发需要投入大量的时间与金钱，成功研发一款新药平均需要数亿美元及数年时间。药物研发需要经历靶点筛选、药物挖掘、临床试验、药物晶型预测等阶段。

1. 靶点筛选

靶点是指药物与机体生物大分子的结合部位，通常涉及受体、酶、离子通道、转运体、免疫系统、基因等。现代新药研究与开发的关键首先是寻找、确定和制备药物筛选靶——分子药靶。传统寻找靶点的方式是将市面上已有的药物与人体身上的一万多个靶点进行交叉匹配，以发现新的有效的结合点。人工智能技术有望改善这一过程。AI 可以从海量医学文献、论文、专利、临床试验信息等非结构化数据中寻找到可用的信息，并提取生物学知识，进行生物化学预测，该方法有望将药物研发时间和成本各缩短约 50%。

2. 药物挖掘

药物挖掘也称为先导化合物筛选，是将制药行业积累的数以百万计的小分子化合物进行组合实验，寻找具有某种生物活性和化学结构的化合物，用于进一步的结构改造和修饰。人工智能技术在该过程中的应用有两种方案：一是开发虚拟筛选技术取代高通量筛选；二是利用图像识别技术优化高通量筛选过程。利用图像识别技术，可以评估不同疾病的细胞模型在给药后的特征与效果，预测有效的候选药物。

3. 临床试验

据统计，90%的临床试验未能及时招募到足够数量和质量的患者。利用人工智能技术对患者病历进行分析，可以更精准地挖掘到目标患者，提高招募患者效率。

4. 药物晶型预测

药物晶型对于制药企业十分重要，熔点、溶解度等因素决定了药物临床效果，同时具有巨大的专利价值。利用人工智能可以高效地动态配置药物晶型，防止漏掉重要晶型，缩短了晶型开发周期，减少了成本。

（六）远程监护

远程监护是利用无线通信技术辅助医疗监护，实现对患者生命体征进行实时、连续和长时间的监测，并将获取的生命体征数据和危急报警信息以无线通信方式传送给医护人员的一种远程监护形式。可以支持可穿戴监护设备在使用过程中持续上报患者位置信息，进行生命体征信息的采集、处理和计算，并传输到远端监控中心，远端医护人员可实时根据患者当前状态，做出及时的病情判断和处理。

（七）智能健康管理

多数疾病是可以预防的，但是疾病通常在发病前期表征并不明显，到病况加重之际才会被发现。虽然医生可以借助工具进行疾病辅助预测，但人体的复杂性、疾病的多样性会影响预测的准确程度。人工智能技术与医疗健康可穿戴设备的结合可以实现疾病的风险预测和实际干预。风险预测包括对个人健康状况的预警，以及对流行病等公共卫生事件的监控；实际干预则主要指针对不同患者的个性化的健康管理和健康咨询服务。

人工智能在健康管理方面的应用主要为居民健康档案、转诊服务、体检管理系统、远程诊断系统、慢病随访系统及基于精准医学的健康管理。医疗公司研发医疗方面的智能穿戴设备，通过和智能手机连接，将电子病历等多渠道的数据进行整合，人工智能系统可以为病人提供个性化的健康管理方案，帮助病人规划日常健康安排。同时，通过手机或者家庭智能终端，用户可以随时联系智能健康咨询服务平台，获得专业的病情分析咨询。

可以预见，未来5G将被越来越多地应用于医疗健康产业，机器人、物联网、大数据和人工智能的发展亦将成为助力，形成新的5G+医疗健康生态系统。5G+医疗健康的快速发展将极大助力医疗事业的发展，使医疗行业工作的便捷化、自动化和智能化程度提高，显著提升医疗服务水平，从多方面保障人们健康。未来的发展应进一步提升5G性能和效率需求的关键能力、深化医疗大数据的应用，全流程提升诊疗前、诊疗中、诊疗后医疗服务能力，优化公共卫生监测、评估、管理和决策能力,为医疗健康产业发展提供科学决策。

第四节 其他行业应用

一、智能教育

(一)智能教育概述

随着教育信息化与人工智能技术的快速发展,人工智能与教育相结合已经成为教育变革与创新的重要内容。人工智能技术的发展及其在教育中的应用,推动了教育智能化进程,为构建教育新生态奠定了基础。

相对于传统媒体,智能化是建立在数据化基础上的媒体功能的全面升华。它意味着新媒体能通过智能技术的应用,逐步具备类似于人类的感知能力、记忆和思维能力、学习能力、自适应能力和行为决策能力。在各种场景中,以人类的需求为中心,能动地感知外界事物,按照与人类思维模式相近的方式和给定的知识与规则,通过数据的处理和反馈,对随机性的外部环境做出决策并付诸行动。

在智能时代的背景下思考教育的创新与变革,是研究未来教育的基本起点。智能时代不仅赋予了教育新使命,也为推动公平、高质量、个性化的教育发展提供了强有力的支撑。

智能时代,人们已不再满足于标准化的学校教育模式,而对个性化教育服务和获取更多的终身学习资源、机会有了更多需求。

以人工智能为标志的前沿技术将广泛应用于教与学的全过程,助力多元化、个性化、弹性化、高品质的学习,显著提高学习的动力、效率和质量。

(二)智能教学系统

传统教学的最大困难,在于教师难以准确地把握每个学生真实的学习情况,导致教学设计与过程,难以聚焦到每个学生的真实学习需求,造成时间、精力及教学资源的浪费。

人工智能教育建立在与学生充分交互的基础上,对生成的海量数据进行分析、评估,最终反馈到"教""学""测""评"四大环节。

智能化教学系统,能全面、精准的记录全班学生的学习状态和效果,快速、准确地帮助教师分析各个环节的得失,从而能及时、有效地调整教学策略,助力教师实现分层教学和精准教学,由经验型向科学型转变,有效解决了教与学双方的核心问题,真正做到教学相长。

基于网络的分布式智能教学系统是当前智能教学系统的最新发展方向,它可以使原本相隔在不同地区的学生在虚拟的环境之中共同学习,充分利用网络资源,发挥学习者的主动性,带来更好的教学效果

(三)智能教育的应用场景

1. 智能化导学课堂

(1) VR虚拟课堂

"纸上得来终觉浅,绝知此事要躬行",实践和体验是孩子们学习最好的教师。结合VR的教育方式,通过其沉浸性、交互性和空间性的特点,让学生全身心地投入到计算机构造的三维虚拟环境中。通过视觉、听觉和行为交互去感知该环境,增强学生的兴趣度、想象力,通过3D模型使抽象的学习内容变得形象化,微观的学习内容变得可视化,复杂的学习内容变得简单化,帮助学生理解和识记抽象的概念。

(2) 语言测评

语音识别和语义识别底层技术突飞猛进地发展,使得大规模的机器口语测评成为可能。语音识别是将人的语音词汇内容转换成计算机可输入的二进制编码或字符序列,计算机将存放的语音模板与输入的语音信号特征匹配完成识别过程。语义识别是通过建立有效的模型和系统实现语言单位的自动语义理解,从而知道文本的表达含义。语言测评体现在两方面:其一是对语音的流畅度和自然度进行打分,测评用户的发音和母语说话人的接近程度;其二是识别出语言后,对语言组织进行后续的检测。中高考的口语测试,以及英语四、六级的口语考试,都应用了人工智能,这样可以使口语测试的成绩更加公平,也节省了人力。

二、智能农业

(一)智能农业概述

目前,我国面临土地资源紧缺、农业人口减少、化肥农药使用过度等问题。如何在农业资源有限的情况下提高农产品的产出数量和质量,实现可持续发展,人工智能将发挥重要作用。

智能农业依托各种传感器和移动网络,实现对农业生产环境的智能感知、智能预警、智能分析、专家在线指导,为农业生产提供精确种植、视觉管理、智能决策,使传统农业更具有"智能"。

(二)智能农业的应用场景

智能农业系统的应用,可以帮助提高农产品的市场竞争力,实现农业可持续发展、农业资源有效利用和环境保护等。主要应用场景有以下几方面。

1. 智能灌溉

智能灌溉系统使用各类传感器，监测土壤水分、土壤温度、空气温度、空气湿度、光照强度、植物含水量等参数，根据土壤中的水分含量和植物品种，确定灌溉方式和灌溉水量。如智能灌溉系统通过应用机器学习、模式识别等智能技术，具备更加完善的学习与辨识能力，将灌溉用水量控制到最佳状态，既满足农作物在各个阶段的生长需要，又达到节约灌溉水量的目的。智能灌溉系统不仅可以分析与控制农作物的用水情况，还能基于所在地区的气候数据、水文气象等，为未来制订更加完善的灌溉计划。通过实施精确灌溉，可以更加有效地用水，从而避免灌溉不足和过度灌溉。

2. 智能虫情监测

传统的病虫害监测需要人工巡视，一旦发现不及时，就会导致农作物大片死亡。人工巡查费时费力，并且可能有疏漏。人工智能的引入可以不间断地监测和预报，减少因病虫害造成的损失。虫情信息自动采集系统是图像识别式虫情测报工具，分为监测站和云端平台。如监测站在无人监管的情况下，能够实现对病虫的诱惑、杀虫、虫体分散、拍照等功能，同时监测周边环境参数，实时将环境数据和病虫害数据上传至云平台。云平台通过图像处理技术，实现自动计数、识别昆虫种类功能。根据虫害识别和统计结果，结合地理环境参数，对虫害的发生与发展进行分析和预测，为现代农业提供精确的虫情监测服务。

3. 智能种收

将农业智能识别技术与智能机器人技术相结合，可广泛应用于农业中的播种、耕作、采摘等场景，极大提升农业生产效率，降低农药和化肥消耗。

如在播种时节，智能机器人可以通过探测装置获取土壤信息，然后通过算法得出最优化的播种密度并自动播种。在耕作环节，智能机器人可以在耕作过程中将沿途拍照植株，利用计算机图像识别和机器学习判断是否为杂草，间距是否合适及长势好坏，从而精准喷洒农药，拔除长势不好和间距不合适的作物。在采摘环节，采摘机器人通过摄像装置获取果树的照片，用图片识别技术识别适合采摘的果实，结合精确操控技术，在不破坏果树和果实的前提下实现快速采摘，大幅降低人力成本。

4. 智能温室

智能温室大棚就是创造了一个适合作物生长的小环境，来消除外部环境对作物生长的影响，使作物在不适合的季节也可以茁壮成长，减少了自然生长环境对作物的束缚。智能温室的控制一般由信号采集系统、中心计算机、控制系统三大部分组成。

5. 植保无人机

植保无人机不仅用于打农药，而且还有数据收集、监测等作用。

植保无人机是用于农林植物保护作业的无人驾驶飞机，主要是通过地面遥控或 GPS 飞控，来实现智能农业喷洒药剂作业。无人机植保作业与传统植保作业相比，具有精准作业、高效环保、智能化、操作简单等特点，为农户节省大型机械和大量人力的成本。

6. 智能禽畜养殖

养殖业作为农业产业的重要组成部分，是人工智能投资者的"宠儿"，备受业内外人士关注。以养猪业为例，我国生猪饲养规模化程度、自动化程度、平均生产力水平低于发达国家，人工智能在养猪业的应用可以显著提高猪场管理效率。

如智能养猪的关键技术是猪个体识别，利用计算机视觉、生物特征识别等人工智能技术，实现猪个体识别和标注，自动识别其体长、体重、背膘、活体率、品种，并实现相关数据自动录入，系统通过采集、分析猪的体型及运动数据，对运动量不达标的猪进行标记，以便饲养员将其赶到室外加强运动来保证猪肉品质。系统通过咳嗽、叫声、体温等数据判断个体是否患病，发现问题及时人为干预。根据养猪场猪病数据分析，系统会对猪场可能发生的猪病进行提前预警，并提醒养猪场要提前做好生物安全、疫苗免疫等工作。

猪场管理人员可以随时在线查看猪个体的档案、生长状况，观察猪个体情况。到了生猪出栏时间，人工智能管理系统会自动提醒工作人员，符合出栏条件的猪在哪个栏舍，并预计出栏体重。

禽畜养殖更加标准化、智能化，减少了人为操作出现的错误，大大提高工作人员的工作效率。

参考文献

[1] 佘玉梅，段鹏. 人工智能原理及应用［M］. 上海：上海交通大学出版社，2018.12.

[2] 王永庆. 人工智能原理与方法·修订版［M］. 西安：西安交通大学出版社，2018.08.

[3] 潘晓霞. 虚拟现实与人工智能技术的综合应用［M］. 北京：中国原子能出版社，2018.12.

[4] 白玉羚，姚卫国，王春玲. 计算机导论［M］. 上海：上海交通大学出版社，2018.

[5] 武军超. 人工智能［M］. 天津：天津科学技术出版社，2019.07.

[6] 王蓉著. 工业设计与人工智能［M］. 长春：吉林美术出版社，2019.01.

[7] 张莉，刘黎. 人工智能：Python 基础［M］. 成都：电子科技出版社，2019.04.

[8] 张政权. 人工智能领域的专利申请及保护［M］. 上海：复旦大学出版社，2019.10.

[9] 张莉，刘黎. 人工智能：可编程硬件［M］. 成都：电子科技出版社，2019.04.

[10] 秦明. 基于智能信息处理的人工智能基础教程［M］. 武汉：华中科技大学出版社，2019.08.

[11] 高金锋，魏长宝. 人工智能与计算机基础［M］. 成都：电子科学技术大学出版社，2020.09.

[12] 赵学军，武岳，刘振晗. 计算机技术与人工智能基础［M］. 北京：北京邮电大学出版社，2020.06.

[13] 孙锋申，丁元刚，曾际. 人工智能与计算机教学研究［M］. 长春：吉林人民出版社，2020.06.

[14] 刘刚，张杲峰，周庆国. 人工智能导论［M］. 北京：北京邮电大学出版社，2020.08.

[15] 史忠植，王文杰，马慧芳. 人工智能导论［M］. 北京：机械工业出版社，2020.01.

[16] 周越. 人工智能基础与进阶［M］. 上海：上海交通大学出版社，2020.08.

[17] 周苏，张泳. 人工智能导论［M］. 北京：机械工业出版社，2020.08.

[18] 李小五. 人工智能逻辑讲义［M］. 广州：中山大学出版社，2020.10.

[19] 武岳，王振武，赵学军. 计算机技术与人工智能基础实验教程［M］. 北京：北京邮电大学出版社，2020.06.

[20] 郭军，徐蔚然. 人工智能导论［M］. 北京：北京邮电大学出版社，2021.10.

[21] 王健，赵国生，赵中楠. 人工智能导论［M］. 北京：机械工业出版社，2021.09.

[22] 王前，龙平，严鲜财. 计算机网络与人工智能发展［M］. 长春：吉林科学技术出版社，2021.06.

[23] 杨和稳. 人工智能算法研究与应用［M］. 南京：东南大学出版社，2021.12.

[24] 宝力高. 机器学习、人工智能及应用研究［M］. 长春：吉林科学技术出版社，2021.03.

[25] 王教凯. 科技教育系列·人工智能与科技智造创新实践［M］. 北京：机械工业出版社，2021.01.

[26] 薛义增，郭秀霞. 基于深度学习的人工智能机器探索与实践［M］. 北京：中国原子能出版社，2021.08.

[27] 卢盛荣. 人工智能与计算机基础［M］. 北京：北京邮电大学出版社，2022.08.

[28] 徐卫，庄浩，程之颖. 人工智能算法基础［M］. 北京：机械工业出版社，2022.08.

[29] 郭军. 信息搜索与人工智能［M］. 北京：北京邮电大学出版社，2022.01.

[30] 陈静，徐丽丽，田钧. 人工智能基础与应用［M］. 北京：北京理工大学出版社，2022.03.

[31] 董洁. 计算机信息安全与人工智能应用研究［M］. 北京：中国原子能出版社，2022.03.

[32] 安俊秀，叶剑，陈宏松. 人工智能原理、技术与应用［M］. 北京：机械工业出版社，2022.07.

[33] 林祥国，计惠玲，张在职. 人工智能与计算机教学研究［M］. 北京：中国商务出版社，2023.07.

[34] 尹宏鹏. 人工智能基础［M］. 重庆：重庆大学出版社，2023.01.

[35] 程显毅，季国华，任雪冬. 人工智能导论［M］. 上海：上海交通大学出版社，2023.

[36] 蔡虔，吴华荣，王华金. 信息技术与人工智能概论［M］. 北京：航空工业出版社，2023.09.

[37] 张晶. 计算机技术应用与人工智能研究［M］. 长春：吉林出版集团，2023.08.